나는,

나로

살고
싶다

나는,

나로

살고
싶다

김지예

알비

예측불가 33년 인생!
인생은 재밌다.

그 중 내 맘대로 살았던
13년의 짧은 순간!

| 차례 |

나는, 나로 살고 싶다

순간순간이 설렘과 짜릿함의 연속이다

떠나면 그리워진다

나는,　　나로

살고 싶다

_너 없이 살아온 시간이 더 많은데, _

_너 없는 내일이 두려웠다. _

그게 너여서 다행이라고 생각해

언제인지 나도 몰라서 그렇다

스물두 살에 처음 해외 활동을 하고 벌써 10년째가 되었다. '결혼을 생각해야 하는 나이에 아직도 돌아다니니?'라는 말을 질기게도 듣는다. 가족, 친구 혹 아는 사람들도 한마디씩 건넨다. 그냥 지나가는 말로 하는 사람, 정말 걱정돼서 하는 사람 등 작년까지 대수롭지 않게 생각했었다. 이제는 삼십 대다.

생각을 아예 안 한 건 아니었다. 만 29살, 3년 연애의 종지부를 홍콩에서 찍고서 그다음 연애에 자신감이 없어졌다. 결혼 생각이 없는 남자와는 연애조차 하지 않게 됐다. 연애 상대에게 '결혼해야지'라는 생각을 한 게 아니라 남자가 결혼에 관심이 없으면 '이 남자랑 연애해서 뭐하나?' 싶은 생각이었다.

연애해도 문제 안 해도 문제다. 연애하면 결혼은 '언제 하냐' 묻는 사람들, 안 하면 연애를 해야 결혼을 하지, 하고 걱정하는 사람들. 결혼 그 후가 더 어마어마한 삶(산)이라고 생각하는데 결혼 후 임신 그리고 육아. 그다음, 그다음, 산 넘어 산인데 결혼이라는 인륜지대사를 말로 편하게 하는 사람들에게 정말 결혼이 정해진 나이가 있나 되묻고 싶다. 그럼 일찍 한 사람들은 뭐라고 설명 할 텐가.

'돈을 모아야지 결혼을 하지.' 난 한 달에 저축 보험을 꽤 많이 낸다. 그리고 45세부터 나오는 10년짜리 적금이 곧 끝난다. 이미 10년 가까이 부었다. 누군가는 그 전에 해약한다는 보험에

말이다. 나의 시간을 잘살고 있고 준비하고 있는데, 뭐 주저리 주저리 걱정들이 많다. 걱정은 감사한데 거기까지만.

이러 저러한 이유로 20대 후반 30대의 결혼 안 한 여자들에겐 한국의 생활은 무겁다. 한국을 떠나 해외에서는 어려 보인다는 말을 참 많이 듣는다. 철이 없어 그렇다고 대답한다. 아직도 티셔츠에 스키니 바지, 체크 남방을 좋아하고 스니커즈를 즐겨 신는다. 그게 편하다. 편하니까 내 옷이고 내 신발이다. 내 결혼은 내가 알아서 할 거다. 우리 가족에게도 기도만 해달라고 부탁하고 싶다. 내가 편할 때 결혼 할 거다. 오로지 내 것인 내 결혼이다. 하긴 하겠지. 언제인지 나도 몰라서 그렇다.

THE DRUNKEN DUCK
OPEN

시간 보내기,
마음 다스리기

처음 해외 생활의 들뜬 마음도 잠시, 홍콩에서는 특유의 좁은 집 구조여서 지내다 보면 답답해지기 일쑤였다. 그래서 종종 밖에 나가서 걸어 다녔다. 살던 곳이 셩완(Sheung wan)인데, 5분만 걸어가면 페리 터미널에 바다가 보이고, 산 쪽으로 걸어가면 소호 거리가 나오는 곳이었다. 페리도 가격이 굉장히 저렴해서 그때 당시 2불(300원)에 탈 수 있었다. 구룡반도에서 홍콩섬 쪽을 바라보는 전경이 참 좋았다. 낮도 좋고 밤도 좋고, 특히 매일 저녁 8시에 하는 심포니 오브 라이트 쇼를 보러 일부러 시간을 맞춰 가기도 했다. 정말 내가 홍콩에 살고 있구나! 느끼게 해주는 풍경이었다. 이어폰으로 흘러나오는 노래를 들으면서 하염없이 바라볼 때도 있었다. 탁 트인 공간이 주는 평온함이 좋았다.

너무 덥거나 비가 오면 소호 거리로 갔다. 작은 갤러리부터 작은 공방, 편집숍, 레스토랑, 카페를 구경하는 재미가 있는 골목이다. 처음 소호를 가는 길 영화 중경삼림에 나오는 세계에서 제일 긴 엘리베이터, 미드 레벨을 보고 두근두근했다. California Dreamin을 들으며 미드 레벨을 올랐다. 바쁘게 지나가는 사람들 안에서 혼자 여유 부리는 것 같은 기분을 즐겼다. 스트레스 받거나 마음이 어지러울 때 가끔 미드 레벨을 처음부터 끝까지 올라갔다가 집으로 가기도 했다. 그렇게 그곳에서 위로를 받았다.

해외에서 혼자 있다 보면 외국인으로 차별을 받거나 일이 마음대로 진행되지 않으면 정말 마음 상할 때가 많다. 그럴 때마다 누군가에게 전화할 수도 없고, 친구에게 하소연하는 것도 한계가 있어 혼자 해결하는 방법을 찾게 되었다. 특별한 것을 하는 것보다 주변에서 쉽게 찾을 수 있는 것들에서 스트레스를 풀어야 다시 나아갈 수 있었다.

그래서 홍콩에서 많이 걸었다. 그래도 시간이 지나 사진으로 그 풍경들을 다시 보고 있자니 그 장소들이 그립고, 보고 싶고, 다시 걷고 싶다. 지나보니 다 추억으로 남았다.

그게 너여서
다행이라고 생각해

그땐 너를 잃는 일이 세상에서 제일 힘든 일인 줄 알았다. 너 없이 살아온 시간이 더 많은데, 너 없는 내일이 두려웠다. 우린 왜 그렇게 서로에게 돌아오고, 또 돌아오고 그랬을까. 두려움을 가장한 애정이었을까, 애정을 가장한 두려움이었을까?

10대에 만나 20대를 함께 맞이했고, 넌 군대에 갔다 왔고, 내가 기다린 사람이 되었고, 5년이 지나 6년, 7년. 우리가 지내온 시간이 두터워진 만큼 그게 특별하다고 생각했다. 더 안 되겠다 정리했던 9년이라는 시간. 그 숫자가 무거워서 결정하는데 조금 망설여졌다. 하지만 10년이 되는 게 더 두려웠다.

10년, 그리고 그다음은? 그동안 헤어질 때마다 굉장히 힘들었는데, 마지막 정리하던 순간은 괜찮았다. 그냥 별일 아닌 일이 되었다. 9년이라는 시간도, 헤어짐도. 하지만 그 시간만큼 좋은 추억도 많았다.

한 사람과의 9년이라는 시간, 그래도 그게 너여서 다행이라 생각해.

외로움이 무엇인지 잘 모른다

홍콩에 있을 때 두 번이나 헤어졌다. 일방적인 통보였다. 갑작스러운 일이었고 어떤 전조도 없었다. 상대방은 전부터 준비하던 일이었나 보다. 헤어지자는 말을 들었을 땐 생각보다 담담했다. 그러다가 갑자기 감정이 북받쳤다. 하지만 그마저도 배고프거나, 졸리거나 하는 감정에 묻혀버렸다.

물론 처음부터 잘 견뎌내지 못했는데 나이가 들면서 이별도 잠깐 힘든 순간이지, 눈앞에 현실이 나를 괜찮게 만들었다. 이별을 받아들이는 데 익숙해졌는지도 모른다. 그리고 혼자 온종일 생각하다 보면 정리가 좀 빨리 되는 것 같다. 울면서 힘들어하기보다 앞으로의 일을 생각하게 되었다.

지금 내 상황이 힘들지 모르나 내일의 캐스팅 혹은 촬영을 생각 안 할 수 없으니까. 얼굴을 비추어야 하는 일상. 컨디션 조절을 해야 했다. 우는 일이 우선순위에서 밀렸다. 지금 내 앞의 일이 급하다. 그래도 추억은 남아있어서 다행이라 생각할 때도 있다. 직접 듣는다면 그건 더 충격일지도 모르니까. 그러고 보니 얼굴 마주 보고 '헤어지자!' 말을 들은 적이 한 번도 없다. 남들은 예의가 아니라고 하지만 적어도 나에겐 괜찮은 일이다.

해외에서 새로운 사람을 만나기도 한다. 오래 있다 보니 오래 알게 되는 사람들의 지인도 그렇고, 지인과 같이 어울려 밥도 먹고 하다 보면 자연스럽게 새로이 알게 되는 사람들이 생긴다. 하지만 헤어지기도 쉬운 해외 생활, 사귀는 건 사실 어렵

다. 해외에서 산다고는 해도 3개월~5개월 동안 만나기엔 긴 시간이 아니다. 나이를 먹어가면서 신중해져 더더욱 어려워졌다. 어릴 때야 뭐나 어울리기 좋아했고, 타지 나오면 다들 삼삼오오 모였으니까. 지금은 모인다! 라고 하면 모든 것이 귀찮아진다.

집 혹은 조용한 공간에서 둘 셋이 모여 도란도란 얘기하는 것이 더 좋고, 시끄러운 공간은 정말 피하고 싶어진다. 그래서 언니 · 오빠들이 점점 나이 먹어갈수록 사람 만나기 어렵다고 말하는 게 아닌가 싶기도 하고, 사실 놀러 나가는 게 이제는 지겹다.

새로운 사람에 대한 경계도 많이 생겼다. 모델이라서 호기심에 다가오는 사람들에겐 더더욱 경계한다. 이러다가 30대가 된 거긴 한데 외로워서 힘들다는 건 나랑 관련 없는 이야기다. 그래서 지금까지 잘 지내왔는지도 모르지만, '무디다'라는 말을 가끔 듣는다. 이런 무딘 성격도 쓸모가 있다. 외로움이란 무엇인지 잘 모르겠다.

설렘
그리고 편안함

어느 순간부터 복도 좌석을 선택하지만, 짧은 비행 땐 하늘을 보기 위해 창가 좌석에 앉는다. 언제 봐도 여전히 좋다. 평소 지상에서 보는 하늘도 좋지만, 비행기에서 내려다보는 하늘은 특히 몽글 구름이 마음을 포근하고 고요하게 만들어준다.

떠나는 설렘. 돌아가는 편안함

행복

세상엔 자기가 하고 싶은 일보다 자기에게 주어진 일을 하는 사람들이 더 많다. 난 내가 하고 싶은 일을 한다. 일로 인해 해외에서 살 수 있고, 돈도 번다. 가끔은 일이 힘들어서, 상황이 따라주지 않아서, 힘들고 속상할 때도 있지만 결국 난 행복한 사람이라는 걸 깨닫게 되면 순간의 화는 누그러진다. 그리고 세상엔 힘들지 않은 일이 없다.

서른이 넘어 모델 일은 힘들지 않으냐고 묻는 사람들이 있다. 그 물음에 나의 작년이, 나의 올해가 대답이 될 수 있게 살고 있다. 나도 내가 언제까지 할 수 있을지 모르겠지만 최대한 할 수 있을 때까지 열심히 최선을 다하고 싶다.

나는 축복 받았다. 내가 하고 싶은 일을 한다는 것만으로도 기쁘다. 오늘도 힘내자!

엄마 되기

엄마가 된다는 건 먼 미래의 막연한 일이라고 생각했는데 '엄마 역할'로 캐스팅이 들어왔다. 문자를 처음 받았을 땐, 괜히 기분이 이상했는데 일이라 생각하고 캐스팅하러 다니기 시작했다. 이미 다른 모델들은 24살 정도면 엄마 역할을 캐스팅하러 다니고 있었다. 첫 엄마 역할은 타이항공 지면 광고로 공항 면세지역에서 촬영한다고 했다. 도착해서 공항 사무국이 있는 4층에서 신분증을 발급받았다. 시작부터 신이 났다. 입국 심사를 통과하지 않고 공항을 들어갈 수 있다니!! 그저 상황이 즐겁기만 했다.

촬영 현장엔 보통 메이크업이 오래 걸리는 여자 모델부터 도착해 준비하고 있으면 그 후에 남자 모델과 아이들이 도착한다. 엄마라고만 했지 애가 2명인 엄마 역할이라는 것은 아이들이 도착하고 알았다. 기분이 묘했다.

둘 다 처음엔 귀엽고 촬영도 곧잘 하는 것 같았는데 확실히 아이들이라 집중력이 떨어질 수밖에 없었다. 어르고 달래고 같이 놀아주고, 나 혼자 촬영하는 것 보다 훨씬 신경 쓸 것이 많았다. 특히 아이들은 힘들면 표정에 다 드러났다. 얼굴이 굳어져 촬영을 잠시 멈추기도 했다. 다행히 순간의 포즈가 잘 찍혀서 마무리될 수 있었다.

이제는 자연스럽게 캐스팅도, 촬영도 엄마 역할을 하는 횟

수가 늘었다. 제일 나이 많았던 아이는 10살이었다. 그때 아이가 3명인 엄마. 거기다가 딱 붙는 원피스에 하이힐 장착한 현실과는 조금 동떨어진 예쁜 엄마였다.

주로 3~7살 아이들과 촬영하는데 이제는 아이들과 친해지는 게 먼저라는 걸 깨달았다. 촬영장에서 혼자 조용히 시간을 보내는 편인데 아이들이 있으면 미리 친해지려고 한다. 밥을 같이 먹거나 말을 걸어 보거나 같이 놀기도 한다.

아이들과 놀고 즐겁게 촬영하는 건 어디까지나 일이다. 친구들의 결혼과 육아를 보면서, 나의 미래이긴 하지만 최대한 미루고 싶은 모습이라 생각했었다. 언젠가 내가 해야 할 일이지만

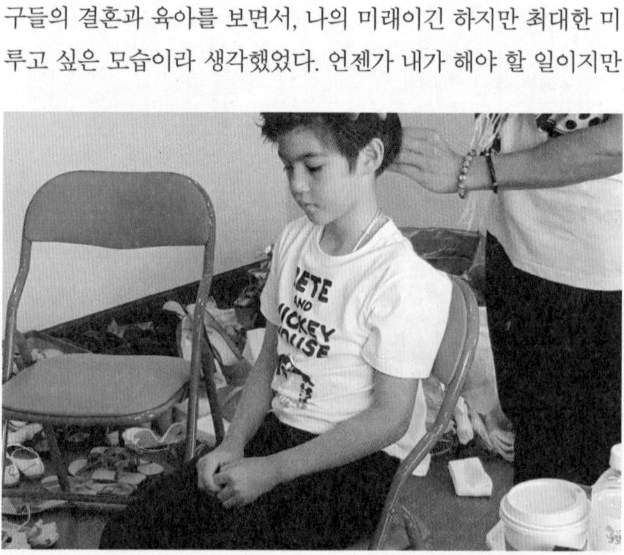

나중으로, 나중으로 미루고 싶다. 결혼해서 좋다는 사람들도 있지만, 결혼한 친구들 대부분 지금을 충분히 즐기라며 해주는 현실적인 조언과 그들의 지친 육아에 나의 두려움이 커졌는지도 모른다.

이미 늦었으니 더 늦어도 괜찮지 않을까 싶다. 역시 현실적으로 보면 생각만 많아진다. 일단 열심히 광고 속 엄마로 살란다. 단정한 머리에 곱게 화장하고, 요리하기에 불안한 밝은색의 옷을 입은 예쁜 엄마!!

갑자기
알레르기

한 살 한 살 나이 먹는 게 그렇게 싫지는 않았는데 예전 같지 않다는 걸 알게 되면서 기분이 이상해졌다. 주름이 늘어갈 때 그랬고, 건강을 유지하기 위해 운동의 강도를 높여야 할 때, 더 밤을 새울 수 없을 때 쓸쓸해졌다. 그래도 꽤 잘 받아들이는 성격인지라 그마저도 털어버리고 살아왔다.

서른이 막 시작될 때 원인 모를 두드러기가 시작되었다. 조금만 부딪혀도 쉽게 멍들고, 손톱에도 쉽게 상처 나는 예민한 피부인 데다 몇 년에 한 번씩 피부 문제가 생겨서 처음엔 대수롭지 않게 생각했다. 그런데 점점 간질간질하고 만지니 톡 튀어나와서 모기 물린 것 같이 올라왔다. 어떨 땐 밖에 나가지 못할 정도로 눈이 부을 때도 있었고, 갑자기 두드러기가 마구마구 올라오거나 벌겋게 달아오르기도 했다.

두드러기의 빈도도 잦아지고 신체 부위도 눈에서 목, 팔목 등 다양해졌다. 하지만 병원을 가려고 하면 가라앉아 버려서 그냥 알레르기약만 처방받았다.

태국으로 넘어가서도 계속 증상이 반복되었다. 아마도 먹는 것과 관련이 있는 것 같아서 식사 후 증상이 나타나는지 확인했다. 처음엔 맥주를 의심했다. 맥주를 먹고 나면 약간 두드러기가 올라오는 것 같아서 촬영 전에는 절대 마시지 않았다. 그렇게 반년 가까이 보냈고 스스로 원인을 찾지 못해 한국에 와서

피 검사를 했다. 원인은 마늘과 감자였다.

수치가 그렇게 높지 않았는데, 먹을 때마다 두드러기가 나는 걸 보면 놀라울 정도였다. 게다가 마늘이라니, 생각지도 못했다. 차라리 맥주가 원인인 게 좋았다. 음식 대부분에 들어가는 마늘, 마늘을 상당히 좋아해서 핫팟 먹을 때 소스에 때려 넣다시피 했었다.

원인을 알아서 다행이다. 촬영이나 중요한 캐스팅을 앞두고 조심할 수 있었다. 알아보니 아토피였던 사람이 면역력이 떨어지면 나타날 확률이 높다고 한다. 어릴 적 아토피를 앓았다. 지

HAM & SHERRY

긋지긋한 기억이다. 할머니와 좋다는 피부과, 한의원 부지런히 다니고, 집에서도 먹는 거 조심히 먹고 바르고 아토피와의 전쟁이었다. 그때 잘 치료한 덕분에 만성이 되지 않았다. 그래서 알레르기 반응이 아토피랑 관련이 있을 것으로 생각하지 않았다.

전체적으로 몸이 약해졌다고 느낄 정도는 아니었는데 나도 모르는 사이에 많이 망가졌나 보다. 면역력부터 끌어올리기로 했다. 영양제를 챙겨 먹고 운동도 하고 바나나 식초도 마시기 시작했다. 면역력에도 좋고 체지방분해, 피로 해소까지 다기능 식품이어서 집 냉장고에 넣어뒀다.

다행히 점차 마늘에 대한 알레르기 반응이 줄어들기 시작했다. 이제는 생마늘을 먹어도 올라오지 않는다.

30대로 들어가는 길목인데 시작부터 험난했다. 나는 그대로인 것 같은데 예전과 같지 않아서 쓸쓸하지만 스스로 몸을 돌볼 수 있었던 시간이었다. 이제 어느 정도의 적응은 끝났다. 앞으로 서서히 혹은 갑자기 노화될 나에게 할 일은 무리하지 않는 것. 밥도 잘 챙겨 먹고 스트레스받지 않을 것! 20대에 열심히 썼으니 가꿔야 할 시간인 것 같다. 잘 가꿔 줄게!

해외 전용

반소매에 긴 바지! 나의 여름철 옷차림이다. 무더위가 아니면 여전히 반소매에 긴 바지를 입는다. 가끔 나를 보면 더워 보인다는 사람도 있을 정도로 긴 바지를 입는다. 몹시 덥다면 팔이 좀 더 드러나는 정도의 티셔츠만 입는다.

해외에서는 꽤 가벼운 옷차림으로 다닌다(어디까지나 내 기준!). 한국보다 덥다는 이유도 되지만, 해외 생활의 '자유로움'과 '생활의 간편함'이라 하는 게 더 정확한 이유다. 한국에서는 절대 입지 않을 옷들을 꺼낸다. 옷차림도 가볍고 관리도 쉽고 반소매 2벌 챙길 부피로 4벌은 챙길 수 있다. 주로 여름에 나

가는 해외 생활이다 보니 비슷한 옷으로 3년 넘게 동남아를 다니고 있다. 자연스럽게 해외 전용 옷이 되었다. 한국에서 입는다고 해도 굳이 뭐라 할 사람은 없는데, 한국에 오면 자연스럽게 안 보이는 곳에 넣어둔다.

나에게 가벼운 옷차림은 온전히 해외 생활에서의 몫이다. 온전히 나만 생각할 수 있는 해외 생활의 묘미 중 하나다. 내 맘대로 옷 입고 내 맘대로 다니기!

면세찬스

비행기를 탄다! 여자들에겐 쇼핑 천국이 펼쳐진다. 여행용이 아닌 원래 쓰던 화장품을 새로 산다. 모델이라는 핑계도 있지만, 기본적으로 많은 종류의 화장품을 사용하는 편이다.

기초 제품, 클렌징, 메이크업까지 종류도 많은데 거의 모두 액체류여서 무게도 무시할 수는 없다. 수화물 30kg에서 화장품 무게를 면세점에서 벌어간다.

면세쇼핑은 신나기도 하지만 나에겐 생활품 사는 슈퍼와 같다. 대부분 쓰던 제품을 사는 게 전부지만, 막상 받고 나면 무거워서 쩔쩔맨다(절레절레).

친구들의 방문

친구들의 방문은 계획에서부터 설렘과 그리움이 무한 발산된다. 친구들이 오면 평소와 다르게 관광객 모드나 가이드 모드로 전환된다. 그들은 내가 이미 어떤 생활을 하는지 평소에 카톡과 SNS로 알고 있다. 눈으로, 입으로 확인시켜주는 재미, 친구들이 '이거구나!' 반가워해 주는 모습에 너무나 신난다. 내가 좋아하던 맛집, 공간들을 나누는 여행이 즐겁다. 내가 좋아하던 걸 같이 좋아하고 한국에 돌아가서도 그때의 맛을 그리워하고, 나의 생활공간에서 함께 즐기며 보냈던 시간을 추억으로 만드는 과정 하나하나가 즐겁다.

처음에는 헤어짐이 익숙하지 않아 일본에서 온 친구 고운을 공항에 데려다주는 길은 마음이 여러 갈래로 이상했다. 눈시울이 붉어지고 쉽게 보내지 못했다. 나는 해외 생활 초반부였고, 그녀도 일본에 살고 있을 때라 떠나보냄이 쉽지 않았다.

외롭다거나 허전하다거나 하는 감정에 둔감해서 해외에 살기 최적화된 성격이라 생각했지만, 그 순간 모든 게 무너지는 듯 감정 컨트롤이 어려웠다. 지금은 다음 여행지를 기약하며 한결 가벼운 마음으로 보낼 수 있지만 혼자 돌아오는 길은 여전히 허전하다. 그래도 언제든 친구들의 방문은 늘 설레고 즐겁다. 그만큼 너무 좋아서 더 허전한 거겠지.

한국인이라는
공통분모

해외에서 한국인과 만나서 생기는 동지애는 남다르다. 금방 친해지고 존재만으로도 의지가 된다. 캐스팅에서 나를 본 '예지'가 먼저 다가와 주었다. 나를 아는 외국 모델이 Korean이라며 '현진이'를 소개해 주었다. 내가 2007~2008년 한국 언니들과 시간을 보내며 지낸 기억이 떠올랐다. 누가 있다는 것만으로도 해외 생활이 반쯤은 수월해진다.

현진이와 예지, 우리의 인연은 그렇게 시작되었다. 같이 영화도 보고 맛있는 것도 먹고, 수다 떨며 위로도 하고 함께 시간을 보냈다. 이제는 한국에서 만나 그때를 안줏거리 삼아 이야기를 나눈다.

태국은 여행하기 좋은 나라지만 더 깊이 들어갈수록 한국인이 지내기에 쉽지 않은 나라다. 한국이랑 아주 다르다. 어떠한 문제가 생겼을 때 해결보다는 피하려고 하는 사람들이 많다. 해결되더라도 처리속도가 상당히 느리다. 처음에 그런 특성을 몰라서 답답했었는데 써니가 많이 알려주었다. 동갑인 데다가 '쿵짝'이 잘 맞았다. 놀기도 잘 놀고 서로의 고민을 나눴다. 그녀가 없었다면 내가 태국을 사랑하는 마음이 덜 했을지도 모른다.

서로의 20대에 함께 했던 청년부 사람들이 있다. 그땐 크게 세상 걱정 없이 즐겁게 나누던 시절이었다. 대학생이었던 그들

은 결혼하고 아이를 낳고, 취직하고 같이 늙어가는 30대가 되었다. 이제는 육아 걱정, 서로의 일에 대한 걱정, 기쁨도 나누고 같이 기도하는 사이가 되었다. 그대들이 있었기에 나의 해외 생활이 외롭지 않았다.

새로운 음식

해외에 나가면 현지 음식 외에도 새로운 음식을 만난다.

태국에서 한때 꽂혀서 먹었던 '레바논' 음식. 샐러드가 다양하고 메인으로 고기 그리고 허머스(Hummus)와 요구르트로 이루어진다. 우리나라에서 주로 장식용으로 쓰는 파슬리를 그대로 샐러드로 버무려 먹기도 한다. 파슬리를 좋아해 장식용으로 나온 것도 먹어 와서 그런지 상큼 씁쓸한 파슬리 향이 가득한 샐러드에 허머스와 요구르트를 곁들여 피타 브레드에 싸 먹는 레바논 음식에 매료됐다. 물론 곡물 위주의 샐러드도 있고, 종류가 참 다양하다. 허머스는 병아리콩을 으깨서 올리브유와 약간의 간을 더한 딥 소스다. 약간 심심한 맛일 수 있지만, 다른 메인에 곁들여 매콤한 칠리소스, 갈릭소스, 요구르트 소스를 입맛에 따라 첨가해 먹으면 된다. 건강식이라 배불리 먹어도 다른 음식들에 비교해 속이 편하고 삼삼한 맛이 또 생각나게 만든다.

길거리 중식도 굉장하다. 지인의 추천으로 갔던 집, 일반적으로 아는 중식이랑은 또 다른 중식이다. 태국인 부부가 운영하는데 어떻게 알고 이런 맛을 내는지 참 궁금할 정도로 맛이 훌륭하다. 기존에 알던 마파두부가 아닌 가벼운 텍스처에 고추기름의 매콤한 맛이 돌고, 느끼하다 느껴지지 않는 맛이었다. 1인 1밥 하게 하는 맛. 거기다 오이무침은 뭐지. 눈에 보이는 건 오이와 마늘뿐인데 피클도 아니고 바로 만들어 주던데 없으면 아쉬운 반찬이라 둘이 가도 꼭 시킨다. 그리고 야외 푸드 코트 같은 곳이라 태국 음식도 같이 사다가 먹을 수도 있고, 맥주도 있어서 덥지 않은 저녁, 친구와 도란도란 얘기하며 먹기 좋은 곳이었다.

방콕에 통로(Thonglor)는 일본인들이 많이 사는 지역이다. 그래서 일본 음식점이 많다. 이자카야에 밥을 먹으러 가기도 한다. 맛있는 메뉴가 참 많다. 특히 나는 곱창 나베를 먹는다. 처음 비주얼에 깜짝 놀랐다. 다행히 직원분이 부추가 익자 곱게 눕혀 주셨다. 곱창 잡내 하나 없이 너무 고소하고 맛있다. 곱창에 김치 나베는 최고!!

끝 그리고 시작

끝임과 동시에 새로운 시작이다. 문이 닫혔지만 다른 문이 열렸다. 내가 생각하는 것과 인생은 조금 다르게 흘러가지만, 그 흐름에 맡기면 생각지도 못한 길이 열렸다.

그렇게 홍콩을 시작으로 태국, 대만을 다녔다. 또 앞으로 어떤 삶이 펼쳐질지 기대가 된다.

떠다니다 보면 안정되고 싶고, 안정되면 떠나고 싶어진다. 집에 있을 땐 어디든 나가고 싶었는데, 떠나보니 집이 소중해졌다. 떠나보니 가족이 그리워졌다.

이제 집에 갈 때가 되었나 보다. 가자.

4A
月台 Platform
11:54
12:09

순간순간이　　설렘과

짜릿함의 연속이다

나도 같이 늘어지고, 느려지고

생각지도 못했던 사람들과의 인연

서로에게 고마운 존재로
그 시간에 남아있다.

내려놓음

짐꾼의 역할은 괜찮을지 모르나 짐을 싸는 건 늘 어려운 일이다. 여행 짐 싸기와 3개월 짐 싸기는 마음가짐부터 다르다. 여행 짐 싸기는 마음이 가볍고 설렘이 묻어난다. 여유의 상징인 책도 넣어본다. 3개월 짐은 차원이 다르다. 초반엔 성경책과 책 한두 권 정도 가지고 다녔었는데 요새는 그마저도 앱으로 해결한다. 마음은 무겁다. 걱정이 앞선다. 이것도 저것도 없으면 안 될 것 같은 마음에 쉽게 포기가 안 된다. 짐으로 테트리스는 잘하는데 가방에 넣기 전까지 고민이 많다. 3개월 짐 싸기… 수월히 넘어간 적이 없다.

주로 다니는 동남아는 실내외 온도 차로 인해 냉방병을 자주 맞이한다. 그래서 긴 팔도 꼭 가져가야 한다. 평소 옷차림은 평범하기 그지없는 긴 바지에 티셔츠 차림이지만 캐스팅을 가려면 몸의 라인이 드러나는 옷과 하이힐은 필수, 하이힐의 무게도 만만치 않다.

3개월 화장품 대부분은 면세점에서 산다. 라면은 가서 산다. 짜왕도 있고, 김치도 어렵지 않게 구할 수 있다. 요샌 떡볶이 세트도 판다. 할렐루야다. 2007년까지만 해도 라면에 볶음 김치까지 싸 들고 다녔다.

보통 1주일 전부터 머릿속으로 시뮬레이션도 돌려보고, 가

ACE 에이스침대
FRAGILE
HEAVY
FRAGILE

져가야 할 목록을 적어서 준비한다. 급하게 짐을 싼 탓에 결국 떠나기 전날 밤, 무게 초과로 다 쌓아놨던 가방을 열었다. 멘붕이다. 계절이 문제였다. 대만의 여름에서 가을 그리고 초겨울을 보내야 하는데 겨울은 우리나라 겨울 같지 않아 패스한다 하더라도 집이 추워서 잠옷의 가짓수가 늘어난 상황이다. 샌들, 슬리퍼, 운동화, 워커, 기본 힐 두 가지. 가짓수가 상당히 늘어났다. 택배로 받기로 했다. 이렇게까지 못 싼 적은 없었는데 준비가 부족했다.

매번 짐 쌌다 뺐다 하는 건 흔한 일이지만 진이 빠진다. 뭐가 문제인지 알고 있는데 잘 안 된다. 바리바리 싸 들고 다니는 성격도 한몫한다. 어떤 거라도 없으면 안 될 것 같아 포기가 안 된다. '무소유', 나만의 '미니멀 라이프'를 하겠다고 생각한 지 2년이 됐지만, 아직도 멀었다. 내려놓음을 못하는 내 탓이다.

아날로그적 감성이 그립지만

2007년 2월 처음 해외 나갈 땐 모토로라 레이저 2G 폰이었다. 부모님과 연락은 주로 네이트 온. 하지만 그것도 내가 집에 있지 않으면 확인이 불가했다. 부수적으로 가져간 070도 있었지만 WiFi 상태에 따라 통화 가능한 날이 그리 많지 않았으니 반 무용지물이나 다름이 없었다. 무소식이 희소식이라 하지 않았나. 아무 일 없으니 연락이 없는 거겠지. 우리 가족은 그렇게 살았다.

2007년 아이폰이 세상에 나오면서 스마트 폰 시대가 열렸다. WhatsApp, 연이어 카카오톡이라는 대단한 앱이 나왔다. 이제 해외를 나와도 연락하는 게 어렵지 않다. 잘 도착했다, 뭐를 먹고 어떤 집에서 살고 어떤 일들이 있는지 실시간으로 연락할 수 있다. 이제는 통화도 끊김 없이 잘되고, 영상통화도 되고, 사진, 동영상, 나의 생활 너의 생활 전부 공유하기 쉬워졌다. 자주 못 보는 친척들과는 SNS로 '좋아요'를 누르며 서로 잘살고 있음을 확인한다. 사촌 언니 아기는 20개월 만에 봤는데 이미 SNS로 본 얼굴이라 전혀 어색하지 않았다.

兵房斜巷
CALÇADA DO QUARTEL
7547

여러모로 해외 생활이 더 수월해졌다. 예전엔 직접 지도를 들고 찾아다녔는데 이제는 구글 지도면 어디든 찾아갈 수 있다. 낯선 곳에 캐스팅을 가더라도 오가는 버스, 지하철노선 거기다 시간까지 친절히 알려준다. 에이전시랑 연락도 문자, 전화뿐이었는데, 이제는 WhatsApp과 라인으로 캐스팅 문자, 사진, 계약 문서까지 주고받는다.

난 국민학교로 입학해서 초등학교로 졸업했다. 가끔은 아날로그적 감성이 그립지만 이러한 편리함은 너무나 좋다.

해외에서 보면
더 반갑다

태국에 있는 동안 두바이에서 촬영이 잡혔다. 마침 두바이에 친구가 있어 만났는데 사막투어를 가자고 했다. 촬영하러 가서 그것도 촬영 전에 관광하는 건 예의가 아니다. 촬영 후라면 모를까. 컨디션 관리를 잘해야 하는데 촬영이 끝나면 밤이고, 다음 날 아침 바로 떠나야 해서 시간이 없었다. 언제 또 사막을 가보겠나. 고민 조금 하다가 가기로 했다.

오후 4시 출발이라 시간이 넉넉했다. 낮잠을 자고 일어나 사막투어를 검색했다. 얼굴이 타면 안 되니까 긴 팔과 긴 바지 선글라스, 선크림도 듬뿍 바른다. 두근두근했다. 사막이라니.

해가 좀 누그러드는 오후 4시 지정된 호텔로 사막투어 차량이 픽업을 왔다.

사막에서 자동차로 5분 정도 달린 후에는 기사들이 바퀴에 바람을 뺐다. 바퀴가 너무 단단하면 사막에 파묻힌단다. 차에 다시 올랐다. 이제부터는 차량에 부착된 손잡이를 잡으란다. 사막 드리프트 시작이다. 롤러코스터 수준으로 너무 신났다. 그렇게 10분은 달렸다.

사막 한가운데서 잠시 휴식을 한 후 사막 언덕을 올랐다. 신기한 경험이었다. 수분이라고는 1도 없는 모래, 그렇지만 부드러웠다. 사진 찍고 영상 찍고 아드레날린이 분출된다. 너무나

즐거웠다. 왜 4시인지 알겠다. 해가 뉘엿뉘엿 지고 있었지만, 아주 더웠다. 바람에 고운 모래가 날려 모래 맛도 보았다.

돌아오는 길에 사막 드리프트는 충분히 즐겼다고 생각하던 차여서 좀 살살 가달라고 부탁을 했다. 운전자는 S자로 운전을 해야 차가 빠지지 않는다고 살살 운전하겠지만 S자는 어쩔 수 없다고 했다. 6시 정도에 도착한 사막 한가운데에는 대형 천막이 보였다. 밥도 먹고 쉬는 공간이란다. 밖에는 두 마리의 낙타와 카트가 보였다.

해가 지고 공연이 시작되었다. 치킨도 구워주고 뷔페가 준비되어 있었다. 생각보다 맛있어서 놀랐다. 벨리댄스와 타누라 댄스를 보면서 사막 한가운데 이런 공간이 있음에 감탄이 절로 나왔다. 노래가 끝나면 찾아오는 고요함도 좋았다. 짧았지만 사막에서 묘하게 달랐던 낮과 밤이 너무나 인상 깊었다.

취향의 차이

같은 아시아지만 태국, 홍콩, 대만의 화장법은 꽤 다르다. 쓰는 제품은 비슷하나 선택 색상의 차이, 취향의 차이가 확실한 것 같다.

태국은 일단 진하다. 피부화장도 진하고. 90년대 산소 같은 여자 이영애가 발랐을 법한 벽돌색을 내추럴한 색상이라고 발라준다. 동양인 피부에 잘 어울리지 않을법한 컬러를 주로 쓴다. 아예 진한 붉은 계열을 발라주면 그나마 괜찮다. 아이섀도도 잔잔하게 넣어주는 법이 없다. 내추럴 화장에도 티가 확 나는 아이보리색으로 덮어준다던가, 진한 베이지를 덧칠해 눈을 작아지게 하는 마법 같은 스킬을 써준다.

내 얼굴의 문제 같기도 했다. 누가 해주든 비슷하게 달라지는 얼굴이 너무 어색했다. 태국사람들이 하는 화장은 유럽식 화장이다. 그래서 서양 모델에겐 잘 어울리는데 동양인에겐 눈이 한없이 작아지는 마법 같은 화장이 된다. 눈도 눈이지만 볼 터치의 방법도 다르다. 서양인들이 하는 사선 터치. 우리나라는 갸름한 달걀형으로 보이게 볼 터치와 셰이딩을 하는데, 약간 다른 터치로 낯선 얼굴이 되어 버린다. 처음에 태국 화장을 받고 눈물이 날 뻔했다. 얼굴에 자신감보다는 만족감으로 살고 있던 나였는데, 한국 돌아가서 성형해야 하나 싶을 정도로 충격이었다.

2012년 이후, 약간은 가벼워진 화장을 할 때도 있고, 눈치

봐가면서 정말 아니다 싶은 건 살짝 얘기한다. 하지만 피부 두껍게 하는 건 어쩔 수 없나 보다. 날이 워낙 더운 탓도 있겠다. 야외 촬영을 하면 얼굴에 픽서를 엄청 뿌리는데, 미스트를 엄청 뿌리고 그걸 드라이로 말려 본 적도 있다. 와!! 나는 지성 피부인데 그때 처음으로 화장하면서 건.조.하.다! 라는 걸 느껴봤다. 무너지지 않는 화장이었다. 색다른 경험이었지만 다시는 하고 싶지 않은 방법이다.

홍콩은 화장보다 포토샵이 묘해서 모든 모델을 중국 사람으로 만드는 재주가 있다. 콘택트렌즈 촬영이었는 데 콘셉트로 가

지고 온 시안이 거의 다 한국 연예인이었다. 화장도 내추럴한 콘셉트고 머리도 자연스럽게 굵은 웨이브, 눈썹이 약간 진하긴 하지만 뭐 괜찮았다. 지면 촬영이라 큰 화면으로 모니터링 하면서 촬영할 수 있었다. 맘에 들었다. 이대로라면 간만에 맘에 드는 결과물이 나올 것 같았다. 몇 달 후, 포토그래퍼가 사진을 보내줬다. 자기 취향의 포토샵 사진과 클라이언트의 최종 컨펌 사진이라고 보내줬다. 촬영 날 봤던 사진은 어디 가고 중국 여자가 되어있었다.

대만은 상당히 양호한 편이다. 한국 화장이랑 비슷한 듯 한국 화장을 선호하는 듯 화장을 받고 나면 꽤 만족스러운 편이다. 피부 표현은 자연스럽게, 눈은 또렷하게 하는 한국 화장이랑 비슷하다. 다만 우리나라는 광고 촬영에서 컬러렌즈를 잘 끼지 않는데 많은 대만 모델들은 컬러렌즈를 자유롭게 착용해서 놀라웠다. 왓슨 같은 드럭 스토어에서 쉽게 도수 있는 렌즈를 살 수 있고, 눈이 좋은 모델도 무도수 컬러렌즈를 착용했다.

힐링이 필요할 때 고양이 카페

가끔 마음이 바쁘고 어지러울 땐 고양이를 보러 간다. 특유의 여유 부림과 빈둥거리는 고양이들을 보고 있으면 걱정도 잠시 내려놓게 된다. 나도 같이 늘어지고, 느려지고, 가끔 고양이들의 희한한 행동에 웃음이 나기도 한다.

친구네 고양이들을 보는 것도 좋아하지만 집 가까이 고양이 카페가 있어서 트레이닝복 차림으로 커피를 마실 겸 고양이들을 보러 갔었다.

태국에서도 고양이 카페를 가끔 찾았다. 그곳 고양이들은 대체로 나이가 있어서 그런지, 몸집이 상당했지만, 그마저도 너무 사랑스러웠다. 사람이 있는 자리에 와서 굳이 드러누워 자버리는 아이, 상대적으로 서열이 낮아서 사람에게 숨는 아이 등 한 마리 한 마리가 너무 귀여웠다. 나도 옆에 같이 누워버리고 싶었다.

대만에서도 우연히 추천받은 고양이 카페를 가봤다. 신발도 그대로 신고, 일반 카페랑 다를 게 없었다. 다른 카페보다 고양이들이 많아 보였다. 사람에 익숙한 아이들이 곁으로 오곤 했는데, 내 자리도 남겨두지 않고 앉아서 괜히 카페 구경을 하기도 했다. 그래도 나에게 관심을 두면 그마저 너무 행복해진다.

아침식사

홍콩에는 '차찬텡(Cha Chaan Teng)'이라고 불리는 음식점이 많다. 차와 음식이 있는 장소라는 뜻으로 영국의 영향으로 서양식 식사와 죽을 아침으로 먹는 곳이다.

난 주로 마카로니 수프를 먹었다. 맑은 국물에 마카로니와 햄이 들어있는 수프다. 약간 단 듯 짠 듯한 맛이 매력 있다. 그리고 밀크티, 진하고 단맛이 강한데 작은 컵에 나와서 그런지 다 마시고 나면 뭔가 모를 아쉬움이 남는다. 작은 컵을 자주 볼 수 있는데 너무 귀여워서 사고 싶었지만 실패했다.

아침 일찍 5시부터 문을 여는 집들도 있어서 아침 먹기는

어렵지 않았다. 포장도 되고 홍콩식 폭신한 샌드위치로 대신할 때도 있었다. 촬영장에서 주로 간단하게 샌드위치를 시켜주는데 달걀, 햄만 들어가는 단순한 샌드위치인데도 그게 참 맛있었다. 그리고 따로 주문하지 않아도 챙겨주는 아이스티, 홍콩 사람들은 차 자체를 정말 많이 마시는 것 같았다. 저녁엔 따뜻하게, 점심이나 간식엔 아이스티!

태국의 아침은 죽과 따뜻한 두유다. 보통 광고 촬영을 하면 아침 5시에 시작을 하는데 아침이 준비되어 있다. 죽은 우리나

라랑 비슷한데 고명이 많다. 고기, 곱창, 튀긴 빵 등 원하는 것을 넣어서 먹으면 된다. 간장을 넣어 먹으면 한국 죽과 더 비슷한 맛이 된다. 두유는 따뜻하게 해서 주는데 거기에 코코넛 젤리를 넣어서 먹는다. 먹을 때는 잘 모르지만, 먹고 나면 포만감이 상당하다. 동네 손수레로 두유를 판매하는 분이 계셨는데 두유에 젤리 하나 넣는데 가격이 700원밖에 안 했다. 아침으로 먹는 두유는 속을 편하게 해줘서 좋았고, 간식으로도 좋아서 운동 끝나고 집에 가기 전에 들러 하나씩 사 먹곤 했다.

대만에서는 집 앞에 아침 식사로 유명한 곳이 있었다. 아침 5시 반부터 12시까지만 하는 곳이다. 주문이 들어가면 즉시 구워주는 딴삥(대만식 오믈렛)과 토스트. 가격도 30~50원(1200~1900원)으로 저렴하다. 크게 메뉴는 오믈렛, 토스트, 햄버거로 나뉘는데 속 재료로 치즈, 참치, 햄, 달걀, 채소 등 다양하게 선택해서 주문할 수 있다. 대만에는 정오 이후 영업을 끝내는 아침 식사 전문 식당이 꽤 있다.

비를 좋아했다

비를 좋아했다. 어릴 적 책가방에 365일 우산이 있었지만, 비를 맞고 집에 간 적도 가끔 있다. 덕분에 감기에 걸리긴 했지만, 그마저도 재밌어서 가끔 맞고 다녔다.

태국에서도 지내는 시간이 주로 우기라 비 오는 게 익숙했다. 갑자기 온 비에 집에 못 가기도 했지만, 마사지를 받거나 차 한 잔을 하면서 비 오는 걸 바라보기도 했다. 창문에 빗물이 맺히는 모습도 좋고, 빗소리 나는 앱을 받아서 잘 때 틀어 놓기도 했다. 태국에서는 온종일 내리는 날도 드문 데다가 내리더라도 1~2시간이면 그치는 스콜 형 우기였다.

10월부터 지낸 대만의 가을 날씨는 해도 해도 너무했다. 한 달에 햇빛을 볼 수 있는 날이 2~3일, 비가 오지 않더라도 구름 낀 날이 대부분인 대만 가을 날씨에 질려버렸다. 빨래를 말리기 위해 제습기를 써야 했고, 한국에서 온 귀한 '바나나킥'을 생각 없이 다 열어버렸다가 먹는 도중 눅눅해지는 황당한 일도 겪었다. 갑자기 비가 내리다가도 멈추고 또다시 내리고, 미스트를 뿌리는 것 같이 내릴 때도 있었다. 이런 비는 우산을 쓰기엔 모호하고 안 쓰자니 찝찝한 기분이 든다.

20도 안팎 온도지만 체감은 꽤 쌀쌀하게 느껴졌다. 집이라고 따뜻한 건 아니다. 타일 바닥이라 집이 더 춥다(그나마 방은 나무 바닥이라 다행).

비를 좋아해서 런던에서 살면 좋겠다고 생각한 적이 있었는데 살아보지 않아서 했던 생각이었다. 그동안 비 오는 날에 집에서 뭐 해 먹을까 고민하면서 칼국수, 김치전을 해 먹고 괜히 생각을 많이 해야 하는 영화를 찾아보고 괜스레 보사노바, 샹송 같은 음악을 듣곤 했었다. 비 오는 날을 기다리기도 했었는데 나는 비가 귀해서 좋아했던 것이었다. 보송보송하게 마른빨래가 그리웠다.

반가우면서도 아픈 기억

촬영 때 가끔 콘셉트에 따라서 염색을 해야 하는 경우가 있다. 2012년 염색약 광고였다. 그때 당시 가슴 밑으로 내려오는 긴 기장의 머리였다. 캐스팅도 염색약 광고인 걸 알고 했고, 거기서도 염색을 해야 한다고 했다. 그리고 혹시 염색한 색이 마음에 안 들면 원래의 머리카락 색으로 또는 원하는 색으로 재염색을 해주는 조건도 있어서 좋다고 했다.

브라질 모델 알리니와 라리사, 나 이렇게 3명이 되었다. 피팅 전 본사에 가서 염색하기로 했다. 알리니는 붉은색, 라리사는 초콜릿 브라운, 나는 캐러멜 브라운이 정해져 있었다. 샘플로 봤을 때 셋 다 괜찮다고 생각했다. 하지만 설명을 듣고 나니 점점 이해하기 어려워졌다.

라리사는 이미 자신의 기존 머리카락 색과 샘플이 거의 같아서 안 해도 되지 않나 말 해봤지만, 염색해야 한다는 단호한 대답을 들었다. 나와 알리니는 2번 이상 염색을 해야 한다고 했다. 2번 이상 해야 할지도 모른다는 말에 우리는 벌써 걱정이 되었다. 비포 에프터의 차이를 모르겠지만 라리사는 단번에 광고주가 원하는 색이 나왔다. 나와 알리니는 한 번에 나오지 않았다. 다시 염색. 알리니는 두 번째에 색이 나왔다. 엄청 빨개서 알리니는 촬영 후 다시 돌아가기 위한 3번째 염색을 예약해 놓은 상황. 알리니도 문제지만 나의 머리는 두 번이 되어도 나오지 않았다. 이미 두피가 시큰거리고 있어서 제발 끝났으면 했는데, 염색하는 사람이 '쏘리' 이러면서 갑자기 염색약을 또 바르

MG 802

려고 하는 것이 아닌가!! 나는 무슨 상황인지 이해가 안 됐다.

영어가 통하지 않아 광고주를 불렀다. 영어도 당신밖에 못하는데 나한테 설명을 해줘야 하지 않느냐고 물었다. 그도 미안하다고 하면서 상황을 설명해 주었다. 그가 나에게 하고자 했던 색은 톱코트가 녹색으로 살짝 감도는 라이트 캐러멜 브라운인데 제일 중요한 녹색 톱코트가 빠졌다고 했다. 설명을 듣고도 어이가 없었다. 제일 중요한 게 빠지다니. 그 자리에서 3번의 염색을 했다. 아픈 두피에 눈물이 핑 돌았다.

다행히 광고 촬영은 라리사가 아침, 내가 오후, 알리니가 밤, 이렇게 나눠서 시간표대로 잘 마무리되었다. 나름대로 광고도 잘 나왔고 그 사진은 BTS 겉면에도 광고되었다. 가끔 방콕 조그마한 동네 미용실에 그 사진이 걸려있는 걸 볼 수도 있었다. 반가우면서도 아픈 기억이다.

마법 같은 순간

디퓨저, 인센스, 향수, 비누, 스크럽, 치약, Coffee, Tea. 내가 사랑하는 것들이다.

해외에서 좋아하는 것들을 만나면 너무나 신이 난다. 흔히 이국적이다!라고 말하는 동남아의 향은 향을 맡는 순간순간이 설렘과 짜릿함의 연속이다. 처음엔 신기하게 다가오던 레몬그라스와 여러 가지 우드 향은 익숙해지고, 나의 페이보릿이 되었다. 유명한 브랜드도 좋지만 숨어있는 진주 같은 제품을 찾는 일이 더 즐겁다.

이고 지고 온 물건들을 방안에 정리하고 나서 한국에서부터 가지고 온 인센스를 피운다. 이곳이 내가 살아갈 곳이구나. 낯선 곳에 익숙한 향기를 흘려보낸다. 마음의 평화가 생기는 부적이 되기도 하고, 집안의 잡냄새를 사라지게 해주는 유용한 존재다.

이것 없이 못사는 제품이 스크럽이다. 정말 '환장한다'라고 표현해도 될 만큼 바디 제품 샵에 가면 스크럽부터 찾는다. 태국은 스파 천국이다. 저렴한 것부터 고가의 제품까지 다양한데 적당한 선에서도 충분히 좋은 제품을 찾을 수 있다.

재미있는 비누도 많다. 처음 태국에서 기념품처럼 샀던 비누가 꽃 모양, 망고스틴 모양인데, 지금은 그냥 지나치긴 하지만 태국을 기억하기 좋은 기념품인 건 변함이 없다.

대만에서는 커피와 티를 관심 있게 봤었다. 집에서 Chin이랑 프렌치 프레스로 커피를 마시기도 해서 작은 가게지만 커피를 직접 볶는 곳을 지나칠 때면 한 번씩 사 먹었다. 태국에서는 카페인 없는 레몬그라스 티, 혹은 멀버리 티를 사 오고 대만에서는 우롱차를 사 왔다. Tang이 마시던 결명자차, 향이 은은하고 고소하고 너무 맛있었다. 맛있는 걸 먹으면 엄마 · 아빠 생각이 났다.

그 나라에서 주로 마시는 차, 우리에게 생소한 차를 만나는 것도 해외 생활의 묘미다.

그렇게 만난 것들은 꼭 남겨서 한국에 가지고 왔다. 시간을 되돌릴 순 없어도 그때를 떠올리게 하는 마법 같은 순간을 위하여.

Jasmine Rice Body Scrub
SANCTUARY SPA
HOT SUGAR SCRUB
AROMATHERAPY
BODY GEL SCRUB
Savon extra doux
Le Petit Olivier
Lavande
100 g
3.5 oz.net wt.
العود
OUD

서로에게 고마운 존재

첫 룸메이트가 호주와 남아공 모델이었던 건 참 행운이었다. 원어민 둘과 같이 살다니! 하루하루가 영어 공부였다. 그들은 나의 영어 선생님 이상의 룸메이트였다. 난 처음 해외 나온 모델이었고 둘은 해외 생활을 오래 했던 모델이었는데, 내가 영어를 익숙하게 느낄 수 있게 천천히 쉬운 단어로 매일 대화하고 데리고 다니기도 했다. 다른 모델들과 처음 만났어도 어색하지 않고 자연스럽게 그곳에 녹아들 수 있게 도움을 주었다.

2008년 태국에 처음 갔을 땐 미국 모델 켈리와 카라랑 시간을 자주 보냈다. 셋 다 태국이 처음이었지만, 셋이어서 두려울 게 없었다. 캐스팅이 없는 날이면 카오산, 짜뚜짝, 궁전도 가고 영화도 보며 재밌게 지냈다. 사실 태국이 적응하기 어려운 나라인데 같이 다니면서 어느샌가 자연스럽게 받아들였던 것 같다.

일본어를 아주 조금 할 수 있는 것은 일본 친구 Kumico의 역할이 크다. 2007년을 제외하고, 2008, 2012, 2015년 홍콩에 갔을 때마다 항상 같이 있었던 일본 모델이다. 홍콩에 가면 제일 먼저 Kumico에게 연락을 한다. 한식, 한국 화장품을 좋아하고 나한테 한국 화장품을 알려준다. 1년에 한 번씩 한국에 놀러 올 때도 만났다. 지금 나의 인생아이템인 Clio의 파우더는 Kumico가 추천해준 제품이다.

태국에 가면 Cassy가 있다. 태국에 갈 계획을 세우면 서로에게 연락을 한다. 늘 같이 다니지는 않지만, 동선이 많이 겹쳐서 약속을 따로 하지 않아도 만나게 되어있다. 집의 1층 카페, 코너 집. 가끔 멀리 가는 캐스팅이 겹치면 같이 간다. 동네에 친구가 있는 건 참 좋다.

해외 생활 중 생각지도 못한 사람들과의 인연은 내가 계획하지 않은 어쩌면 선물과도 같은 일인 것 같다. 해외에 나온 모델끼리 느끼는 동질감일 수도 있지만, 어찌 됐든 우리는 서로가 서로에게 고마운 존재로 그 시간에 남아있다.

Good luck with us!

소소한 행복

캐스팅을 기다리는 사람이 족히 20명은 넘어 보였다. 3시간은 넘게 걸릴 것 같다. 이미 첫 번째 캐스팅으로 피곤했다. 집에 갔다가는 못 나올 것 같아 1층 카페로 내려왔다. 배도 고프고 커피도 당겼다. 캐스팅을 참여하는 사람은 어려울 수도 있는데 친구나 가족을 따라온 사람에게 여긴 명당이다. 이왕 기다리는 거 여기서 기다리면 참 좋을 텐데. 여긴 캐스팅에 오는 사람도 커피만 사서 올라가 카페가 붐비는 걸 본 적은 없다.

원두막 같은 나무집에 1층 카페. 분위기가 너무 좋다. 사실 밖에 앉아서 햇빛도 보고 싶은데, 그러기엔 좀 더워서 안쪽에 자리를 잡았다. 샌드위치와 커피를 시켰다. 바삭하고 안은 촉촉

하니 맛있었다. 커피도 조금 달곰하게 마셨다. 내 예상은 3시간이었지만 캐스팅 디렉터가 2시간만 있다가 오라고 했으니 올라가야겠다. 그래도 잘 쉬었다.

영수증에 귀여운 스마일표시까지! 힐링했으니 다시 열심히 캐스팅할 수 있을 것 같다.

이날 4시간이 걸렸고 해가 떨어지고 나서야 집으로 갈 수 있었지만, 여기로 다시 캐스팅을 오라 해도 이 공간 덕에 그나마 기쁜 마음으로 올 수 있을 것 같다.

drink
BIKE
ride
COFFEE
MONIN
FRAISE

새로운　　시도

음식은 뭐든 잘 먹고, 새로운 것을 시도하는 편이다. 태국 음식은 맵고, 짜고, 달고, 시큼하고, 계속 당기는 맛이다. 고수도 따로 추가해 먹을 정도로 굉장히 좋아한다. 나에게 태국 음식은 집밥과 같다.

태국에서는 재료들을 널어놓고(?) 음식을 준비하는 포장마차 같은 공간이 많아서 대충 눈대중으로 볶음인지, 쌀국수인지, 반찬 집인지 음식파악이 어렵지 않다. 고명은 손짓으로! 면 종류는 태국어로 기억해둔다(면도 손짓으로 가능). 국물도 선택 가능. 물이 약간 있는 비빔 스타일도 너무 맛있다.

"앗! 여기 국물이 조금 빨갛다. 뭐지?"

그래도 맛있게 먹었는데 나중에 친구에게 물어보니 피 국물이란다. 음. 어쩐지 약간은 걸쭉한 국물이었다. 맛은 괜찮은데 자주 가지 않는 이유는, 텐트만 쳐놓은 야외에서 먹기 때문이다. 이런 식당이 꽤 보편적으로 있다. 다들 안 덥나. 나는 덥다.

촬영장에서도 새로운 음식을 많이 접할 수 있다. 스튜디오에 식당이 있는 공간이 있거나 밖에서 사 오는데 다 같이 둘러앉아 먹는다. 모델에게는 샐러드나 원하는 다른 음식을 시켜주긴 하는데 나는 태국 음식을 주문한다. 태국 음식을 잘 먹는 모델을 신기하게 보는 사람들도 간혹 있고, 자신들의 음식을 나누어 주기도 한다.

내가 어떤 걸 집었는데 사람들이 먹을 수 있냐고 물었다.

"처음 보는 거야."
"그래 먹어봐"

모두 묘한 표정으로 쳐다봤다. 젓가락으로 들 때까지는 몰랐는데, 뭔가 냄새가 이상하다. 일단 입에 넣어봤다. 삭힌 게를 넣은 파파야 샐러드였다. 웬만한 태국 음식은 다 먹을 수 있다 생각했는데, 이건, 홍어 저리 가라 하는 맛이다. 내가 절레절레 손사래를 치는 걸 다들 재밌다고 웃는다. 우리가 6명이 밥을 먹

고 있었는데 그중에 2명만 좋아한단다. 태국사람들에게도 호불호가 강한 음식이었다. 다시는 시도도 안 한다. 이름도 외웠다. '쏨땀뿌' 내가 태국 음식 사랑하지만, 이건 아니다.

대만은 '벤통'이라 부르는 도시락을 많이 먹는다. 우리나라로 치면 반찬집인데 선택한 반찬과 밥을 담아서 준다. 촬영장에서도 벤통으로 주로 식사한다. 각자 주문한 벤통을 먹는데, 입맛에 맞게 소스를 골라서 먹으라고 한다. '핫 피클 소이빈' 매운 게 필요했다. 포토그래퍼가 맵다고 경고를 날려줬다. 일단 모르는 건 시도해본다. 살짝 떠서 나물 반찬이랑 먹었는데 적당히 맵고 너무 맛있었다.

마트에 가서 그 소스를 바로 샀다. 그 후 만두랑 먹고 라면 끓이면서 반 숟가락 넣고, 아주 만능 소스로 사용 중이다. 친구가 왔을 때 편의점 만두에 찍어 먹었는데, 그녀도 2통 사 갔다. 귀국할 때 그 소스를 잔뜩 짊어지고 갈 생각이다.

새로운 시도가 매번 나쁜 건 아니다 좋은 게 더 많다!

실패는 두렵지만

실패는 두렵다. 실패에 처음부터 강한 사람이 있을까? 실패를 좋아하는 사람도 없을 것이다. 실패에 익숙해지는 것 또한 어려운 일이다.

모델은 늘 캐스팅하러 다닌다. 50여 개 중에서 5개가 될까 말까 한다. 물론 사람마다 다르지만, 대부분 모델은 꽤 낮은 확률 속에서 일하고 있다. 물론 캐스팅 자체가 안 되더라도 그걸 모두 실패라고 하지 않는다. 50여 개의 캐스팅은 'TRY'라는 전제 조건이 붙기 때문이다. 나는 키가 크지 않지만, 아시아인이라는 이유로 쇼 캐스팅에 불릴 때가 있다. 이건 안 될 가능성이 95%가 넘는다. 하지만 에이전시는 '시도해봐(Try)'라고 한다. 지칠 때도 있지만 무의미한 것만은 아니다. 쇼 캐스팅에 가서 카탈로그 모델이 된 적도 있고, 다른 영상을 찍는 일이 되기도 했다. 일이 됐다 안 됐다고 하기보다, 안된 일이지만 '나는 나의 노력(TRY)을 보여줬다.'라고 하는 편이 좋겠다. 물론 각자 생각하기 나름이라 안 된 캐스팅에 스트레스받는 모델도 있다. 나 또한 그랬고 그걸 이겨내려고 노력했다.

모델의 일 중에서 자신의 노력으로 되는 건 언어, 컨디션 조절, 다이어트 아마 이 정도일 것이다. 모델은 광고주에게 선택받는 존재다. 이건 모델의 노력과는 조금 별개의 문제다. 광고주는 이미지를 보고 모델을 뽑는다. 광고를 기획하는 과정에서 정해진 이미지가 있고, 모델 중에서 이미지가 비슷비슷 하다면

그중에서 잘하는 모델에게 갈 가능성이 큰 것이지 잘해서, 예뻐서라는 조건이 1번은 아니다.

적은 확률과 노력과는 별개의 선택을 받아야 하는 일터에서 일해 온 지 10년이 지났다. 힘든 건 이미 다 지나갔다고 생각할 수도 있지만, 순간순간 어려움은 찾아오기 마련. 내가 이런 환경에서 버텨올 수 있었던 건 마음가짐이다.

마인드컨트롤이라는 건 정말 중요하면서 어려운 일이다. 평상시에 평정심을 유지하다가도 훅훅 튀어나오는 상황에 잔잔했던 마음에 폭풍이 인다. 혼자의 힘으로 안 될 때, 기도한다. 어지러움에 가려졌던 상황이 눈에 보이고 나의 마음도 잔잔해진다.

물론 힘들다. 힘들지만 화낸다고 해결되지 않는다. 일 문제, 사람 관계, 나의 마음은 부서지고 갈라지고 상처를 입는다. 그래도 빨리 극복할 힘이 필요하다. 가족이 될 수 있고, 연인이 될 수 있고, 각자의 방법을 찾는 게 우선이다. 시련은 모든 사람에게 온다. 그 시련의 모양과 시간이 다를 뿐 모두에게 찾아오기 마련이다. 시련을 만날 때마다 쓰러질 수 없다. 쓰러지더라도 일어나야 한다. 지금도 상황은 좋지 않다. 불평하고 답답함을 토로하지만 원망은 나를 망가트릴 뿐이다. 가만히 조용히 그러다 보면 마음이 가라앉고 차분해진 마음에 빛이 한줄기 보인다.

지금에 감사하고. 결과를 기다리는 일이 있음에 감사한다.

'만족'이라는 건 대단한 일에만 할 수 있는 것이 아니다. 작고 소소한 일에서도 얼마든지 만족할 수 있다. 만족하는 순간 기쁘다. 그리고 나의 행복이 된다. 행복을 멀리서 찾으면 찾을 수 없을지도 모른다. 가까이에서 찾는 게 빠르다. 작은 행복이지만 모이면 크다. 다만, 나의 만족을 찾되 남과 비교하지는 말자. 비교가 시작되면 또 다른 시련이 찾아온다.

이렇게 저렇게 마음을 다독이며 10년 넘게 흘러가는 시간, 곁에서 잘 버텨온 모델이 되었다. 나는 그냥 내 일에 최선을 다했을 뿐인데 해외에서 오래 활동하는 거 보면 신기하다. 때론 '부럽다'라는 말을 듣는다. 난 나를 위해 나의 선택이 옳았음을 증명하기 위해 사는 것뿐인데, 이 또한 감사하다.

나의 어제가 감사함이었고, 나의 오늘이 그리고 내일이 감사와 행복이 넘치길 바란다.

It's me

광고 촬영을 하다 보면 주변 사람도 못 알아보는 사진 결과물이 있다. 처음엔 좀 속상했던 것도 사실이다. 우리나라와 너무나 다른 화장법과 가끔 애교살을 지워버리는 패기로, 나를 아는 사람들을 놀라게 하지만 이제는 그마저도 초월했다. 흐흐흐 쓴웃음이 나지만 우리와 스타일이 다른 걸 어쩌란 말인가.

모델 생활을 하면서 비슷한 화장에 비슷한 얼굴이 되는 상황의 반복은 결국 인정할 수밖에 없었다. 인정하는 편이 스트레스 안 받는 방법이다. 아주 가끔 메이크업이 마음에 들어도 그다음 포토샵의 관문도 높다. 친구들이 누구냐며 놀라지만 나도 황당해서 웃음이 나오기도 한다.

그래도 우연한 곳에서 나를 발견하면 기분이 짜릿짜릿 좋다. 나의 광고를 내 눈으로 확인하는 순간은 정말 이루 말할 수 없는 행복을 선사해준다. 공항 카트에, 엠포리움, 파라곤 백화점 외관에, BTS 역 그리고 고속도로를 달리다가 마주치는 큰 건물 외관과 옥외 간판! 내가 나의 사진을 계속 찍어도 나와 동일인물이라 생각해 주는 사람은 없지만 괜찮다. 흐뭇하게 한참을 쳐다보고 있어서 못 알아봐 주는 편이 고맙기도 하다.

떠나면

그리워진다

하늘을 보고 구름이 지나가는 걸 쳐다본다.

하늘을 보는 시간을 갖는다.

생각을 정리하는 시간이 된다.

처음 홍콩으로 떠나던 때

2007년 2월에 홍콩 촬영을 다녀오고, 다시 3개월 후인 5월에 홍콩으로 떠났다. 1주일의 홍콩 생활과 3개월의 홍콩 생활은 너무나 달랐다. 하지만 22살의 나는 겁이 없었다. 겁이 뭔지도 몰랐다.

현실적으로 언어의 문제, 생활의 문제도 있었을 텐데 크게 걱정하지 않았다. 20년을 대가족과 살다가 처음 외국에 나가 살아보는 것이라 가족들도 걱정이 되는지 김치, 멸치볶음, 고추장, 한약 등등 바리바리 챙겨주셨었다.

처음 홍콩공항에 도착해서 안내대로 공항철도를 타고, 홍콩역에 도착해 Wing을 만났던 때가 생생하게 기억난다. 유난히 길었던 입국 심사 줄. 그 긴 기다림. 그리고 익스프레스를 타고 홍콩역으로 가는 길, 간신히 로밍만 되었던 2G 핸드폰을 붙잡고 창밖에 보이는 홍콩의 바다. 2월엔 스텝이 공항으로 마중 나와서 편히 갔었던 풍경인데, 익스프레스 안에서 보이는 풍경은 꽤 낯설었다.

홍콩역에 미리 나온 현지 에이전트 Wing이 나를 먼저 알아봐 주었다. 먼저 에이전시로 갔다. Erica라는 한국분이 이것저것 설명해주어서 긴장이 좀 누그러졌다. 지도와 컴포짓 카드를 받았다. 내가 미리 보낸 사진들로 그들의 취향에 맞게 앞에 대표사진 크게, 뒤에 9컷은 작게, 내 이름과 사이즈, 회사 전화번호,

주소 등이 적혀있는 A4용지 반에 해당하는 사진 프로필이다.

Wing의 안내로 아파트로 향했다. 회사에서 도보로 3~5분 정도의 거리, 캐리어를 Wing 하나, 나 하나 끌고 가는데도 좁은 인도에 많은 사람과 튀어나와 있는 곳도 많아 쉽지 않았다. 덜덜덜 거리는 캐리어를 끌고 7~10분은 족히 걸었던 것 같다.

19층. 내가 살게 될 아파트는 3개의 방에 싱글침대, 옷장, 화장대가 전부. 그래도 천정이 꽤 높아서 좁지만 생각보다 답답하지 않았다. 룸메이트는 호주모델과 남아프리카 모델인데 호주모델은 그때의 느낌으로 레이첼 와이즈 같은 이미지였다.

첫 캐스팅을 지도를 보고 찾아가야 하는 것이 굉장히 낯설고 당황스러웠지만, 지도가 꼼꼼하게 잘되어 있어서 크게 헤매지 않고 도착했다. 물론 집에 올 때까지 긴장됐었다.

버스 정류장을 몇 개 지나치기도 하고, 한 건물에 두 개의 주소를 가진 건물이라는 걸 몰라서 못 찾고 돌아다니다가 홍콩사람의 도움을 받기도 하고, 그렇게 저렇게 찾아다녔다. 첫해 3개월을 계획해서 5개월을 살다 왔으니 나름대로 적응을 잘하고 살았다.

Erica 언니의 도움이 컸고 특히 언니가 소개해준 한국인 Julie 언니와 의지하며 알콩달콩 재밌게 지냈다. 그리고 엄마같

이 밥을 챙겨주던 Eva 언니, Julie 언니. 다 같이 한식을 먹고 즐겁게 지냈다.

무모해서 겁이 없어서 시작할 수 있었던 해외 생활인 것 같다. 사람들은 어떻게 그렇게 시작하게 됐느냐고 신기하게 바라본다. 지금은 익숙해서, 그때는 아무것도 몰라서. 모르니까 두려움조차 없어서 내가 한 행동들이 용감하게 보였을지도 모른다. 나의 과감함으로 시작 한 일이지만 낯선 곳에서 만난 좋은 사람들까지 있으니 못 지낼 이유가 없었다.

포기하면 된다

촬영하기 위해서는 캐스팅이라는 과정이 필요하다. 한국에서는 에이전시에 가서 영상과 사진을 찍는다. 그 후에 프로덕션으로 가서 감독을 만나는 최종 미팅 후 촬영이 결정된다. 에이전시 영상만으로 결정되는 경우도 있다.

해외에서도 에이전시에서 기본영상(자기소개/정면 45도, 90도 측면/얼굴 클로즈업/상반신/전신)과 사진을 찍고 그것을 1차 자료로 보낸다. 그 후에 캐스팅을 오라고 하면 그때 해당 캐스팅 스튜디오로 간다. 주소, 날짜, 시간, 콘셉트 등 디테일이 적힌 문자가 온다. 홍콩과 대만은 내가 헤어메이크업을 하고 콘셉트에 맞게 의상을 챙겨 입고 간다. 패션쇼라면 컴카드와 약 2kg의 포트폴리오를 들고 가게 되는데 난 몇 년 전부터 아이패드에 넣어 다닌다.

캐스팅 스튜디오에 가면 순서대로 이름을 적고 기다린다. 사진을 찍고 영상 찍고 끝, 보통 기본을 먼저 찍고 그 후에 필요한 연기가 들어가는 영상과 사진을 찍는다. 하나하나 설명해주고 찍으면서 수정도 해준다. 생각보다 간단한 캐스팅. 가끔 사람이 몰릴 때면 오래 기다릴 때가 있지만 그것도 타이밍이니까.

태국은 타이밍도 타이밍이지만 내가 1번으로 가더라도 1시간은 족히 걸린다. 도착하면 이름을 적고 아주 디테일한 사이즈

OUI 偶星堂
台北市106仁愛路四段29號2樓
2F,No 29,Sec.4,Ren'ai Rd.,Da'an
Dist,Taipei City 106,Taiwan
Tel:+886 2 27528098
Fax:+886 2 27528067

체크를 한다. 모자를 쓴다면 머리둘레까지. 허벅지, 종아리, 손목, 손목에서 팔꿈치까지의 길이, 허벅지에서 무릎까지, 무릎에서 발목까지 길이 등등 생각지도 못한 사이즈를 잰다. 그리고 의상을 주는데 그게 끝이 아니다. 헤어메이크업을 받는다. 보통 여자 모델은 간단히 메이크업하고 가지만 그 위에 다시 메이크업하기에 시간이 상당히 걸린다. 그 전에 캐스팅에서 받은 메이크업이랑 비슷한 콘셉트일 경우라면 모를까 짧게 끝나는 경우는 거의 없다. 콘셉트가 다르면 지우고 다시 할 때도 있다. 대부분의 하루를 캐스팅으로 보낸다고 해도 과언이 아니다. 하루 최대 6시간까지 기다린 적도 있고. 기다리다가 시간이 너무 늦어 다음날 다시 갔던 캐스팅도 있었다.

이제는 기다림도 익숙하고 요령도 생겼다. 집 근처에 있는 스튜디오라면 이름을 적고 사람이 많으면 집에서 쉬다가 오거나 아예 마지막 시간에 가는 여유도 부린다. 처음 태국에 가는 모델들은 기다림에 놀라고 지친다. 나 또한 그랬고. 적응하기 보다 포기하는 게 빠르다. 어떻게 여기에 매년 일하러 오냐고 묻는 모델이 많은데 그냥 '포기하면 된다.'라고 말한다. 나도 내가 이렇게 될 줄은 몰랐다. 오래 기다리는 캐스팅이 지치기도 하지만 모두가 다 하는 캐스팅인지라 받아들이기로 했다.

재미있는 일 중 하나

태국의 싱하 맥주를 좋아한다. 깔끔하고 강하지 않아 음식 먹으면서 가볍게 마시기 좋다. 싱하 맥주는 태국에서 기분 좋게 광고를 촬영했던 제품 중 하나이기도 하다. 내가 좋아하는 제품의 모델이 된다는 건 신나는 일이다.

태국 가기 전 이미 영상광고 캐스팅과 촬영이 끝난 터라 내가 광고 촬영을 할 기회는 없겠다 싶었는데 지면 광고를 따로 진행하는 행운을 잡았다. 총 4가지의 콘셉트로 세 군데 장소를 바꿔가며 촬영했다. 아침 일찍 5명의 모델이 모였는데 두 군데 에이전시였지만 오다가다 만나던 친구들이었다.

첫 번째 엘리베이터 장면을 찍고, 장소를 이동해서 루프탑 장면과 정원 장면을 찍었다. 다시 이동해 마지막으로 수영장에 몸을 던지는 일만 남았다. 오늘 촬영의 하이라이트였다. 아침에 콘셉트를 받고 모두가 기다렸던 시간! 쉽지 않을 거란 생각을 했지만 다들 기대하고 있었다. 물에 들어가 있는 모델, 수영장 위로 점프해야 하는 모델 모두 상황이 쉽지 않았지만 재밌게 촬영이 마무리되었다.

장소를 빌린 시간이 남아서 촬영을 끝내고, 우리는 옷 입은 채로 수영하면서 맥주도 마시고 자유시간도 누릴 수 있었다. 모델이라는 직업을 가지고 있으면서 재미있는 일 중 하나다.

THE NIGHT
BELONGS
TO US

태국 음식 최고

내가 질리지 않고 먹을 수 있는 음식은 한식과 태국 음식이다. 일본에서 10일 동안 일식만 먹다가 결국 김치를 찾았다. 맛있는 음식이 가득한 일본이지만 간장 베이스에 달짝지근한 맛을 10일 동안 먹는 건 쉬운 일은 아니다. 홍콩도 마찬가지, 중국 본토랑은 조금 다르지만 특유의 중식 냄새와 맛은 비슷하다. 물론 북경식, 홍콩식, 사천식 다 다르지만, 계속 먹다 보면 결국 중국 음식이다. 북경식 정통 자장면을 먹어도 기름기가 많고 달다. 역시 한국인에겐 한국식 자장면이 더 맛있게 느껴진다.

태국에서 처음 꽂혔던 음식은 팟타이(볶음 쌀국수)와 솜땀(그린 파파야 샐러드)이었다. 익은 파파야는 주황색으로 약간 물렁물렁한 식감의 과일이지만 그린 파파야는 무보다 단단한데 그걸 생으로 채 쳐서 새콤달콤 매콤하게 무쳐서 먹었다. 특히 팟타이는 달곰한 양념에 볶아내는 거라 물릴 수도 있는 맛인데 솜땀이랑 같이 먹으면 너무 잘 맞았다. 솜땀을 만들 때는 절구에 빻으면서 양념을 하는데 만드는 과정도 재밌다. 들어가는 건 비슷하지만 만드는 사람에 따라서 맛도 조금씩 다르다. 채 썬 파파야에 라임 주스, 고추, 피쉬 소스, 토마토, 땅콩이 기본으로 들어가고 가끔 당근을 넣어주는 곳도 있다. 굉장히 매운 곳도 있고 단맛이 강한 곳도 있다. 잠시 살던 동네에서도 제각각 맛이 달라서 기분에 따라 당기는 맛을 찾아갔다. 팟타이도 기본이 새우가 들어가는 건 줄 알았는데 팟타이 꿍(새우), 까이(닭)

등 자신이 원하는 대로 주문 할 수 있었다.

하지만 뭐니 뭐니 해도 태국 음식의 꽃은 뿌팟퐁커리다. 게살 가득 달걀과 볶아져서 나오는 옐로우 커리. 커리만 먹어도 맛있는데 게가 들어가서 한껏 풍성해진 맛의 달짝지근한 커리를 밥에 올려 먹는다. 처음엔 게가 통째로 들어간 걸 먹었는데 친구에게 '느아'라는 걸 배웠다. 뿌팟퐁커리 느아라고 주문하면 게살이 발라져서 나온다. 물론 사진엔 게가 통째로 들어가 있는 것이 보기 좋지만, 살만 발라져서 나온 게 훨씬 먹기 좋다. 뿌팟퐁커리와 솜땀의 조합도 기가 막힌다. 김치처럼 피클처럼 솜땀은 모든 음식과 어우러진다. 뿌팟퐁커리는 1접시에 1만 원 정도 하는데 둘이서도 충분히 먹을 수 있는 양이라 매력적이고 맛이 좋아서 최고의 인기다. 아예 뿌팟퐁커리를 먹으러 오는 게 목적인 친구들도 있었다.

집 앞 일반 음식점에는 게를 사용하지 않지만 대신 오징어가 들어가는 옐로우 커리를 먹을 수 있다. 가끔은 밥이랑 가끔은 두꺼운 쌀국수 면이랑 먹는데 그것도 참 맛있었다.

태국은 꼬치 요리가 상당히 대중적이다. 길을 가다 보면 심심치 않게 돼지고기, 닭고기 꼬치 수레를 발견할 수 있다. 꼬치 파는 집에서는 10밧(350원) 하는 찹쌀밥을 같이 판다. 집 근처의 돼지고기 꼬치와 찹쌀밥을 거의 매일 아침으로 먹었다. 가끔은 빨리 팔려서 없을 때도 있어 부지런히 아침을 시작했었다. 꼬치 집 뒤에는 커피를 판매하는 곳이 있었다. 편의점 40밧(1400원) 커피보다 저렴하면서 맛도 훌륭해서 꼬치 사면서 커피도 샀었다. 아메리카노 25밧(875원), 연유 커피 30밧(1050원). 인스턴트가 아님에도 훌륭한 가격이었다. 꼬치 파는 분이 쉬는 날이거나 장사를 일찍 끝내고 들어가면 'no, tomorrow' 같은 말로 얘기해주었다. 지나갈 때도 눈이 마주치면 서로 인사를 나누었다. 떠나는 날에도 어김없이 꼬치를 사고 커피를 사는데, 한국으로 돌아간다고 하니 수제 쿠키를 선물로 주면서 'see you' 인사를 해주었다. 참 고마웠다.

쉬는 날엔 수영

쉬는 날에 무엇을 할까. 관광하거나 시내를 나가도 되지만, 날이 덥고 나른해질 때면 수영을 하러 갔다. 내가 머물렀던 곳은 유스호스텔로 숙소에 딸린 수영장인데 숙박하지 않는 사람도 하루 50밧(1750원)이면 이용할 수 있었다. 2008년, 처음 왔을 땐 물도 갈색이고 나뭇잎들도 떠다녀서 수영을 포기했었다. 이름도 바뀌고 이용료가 붙으면서 깨끗한 수영장의 모습을 유지했다. 이용하는 사람도 많지 않아서 조용조용 수영하기에 좋았다. 때론 운동으로, 때론 하늘을 쳐다보는 낙으로 수영하러 갔다. 낮 수영도 좋고, 밤 수영도 좋았다. 사람 없는 수영장 한가운데 둥둥 떠서 하늘에 떠다니는 구름을 보는 것도 좋았고, 물이 흘러가는 소리를 가만히 듣고 있는 것도 좋았다.

태국에 은퇴하고 오는 사람들을 위한 실버 비자도 있다는데, 사람을 모으게 하는 이유가 되는 것 같다.

한적하게 하늘을 보며 쉬기에 너무 좋았다. 바쁘게 살다 보면 하늘 보고 지내는 시간이 적지 않나. 그래서 난 일부러라도 하늘을 보는 시간을 갖는다. 가만히 하늘을 보고 구름이 지나가는 걸 쳐다본다. 잠깐은 바쁜 걸 잊고, 생각을 정리하는 시간이 된다. 머리가 어지러울 때 하늘 한번 보는 게 도움이 된다.

집에 간히다

태국의 우기는 5월부터 10월로 스콜이라 온종일 비가 내리는 날은 드물고, 한번 내릴 때 무섭다는 생각이 들게 올 때가 있다. 화창했다가 한순간 먹구름이 드리우고 쏟아지는 비에, 동네 사람들의 움직임은 멈춰지고 시내는 차로 꽉 막힌다. 택시도 잡히지 않고, 우버가 있지만, 가격이 엄청 오른다. 보통 30~40분, 120밧(3,600원)이면 될 거리를 150분, 575밧(2만 원)이나 지급한 적도 있다.

태국에서 묵었던 집 앞이 물이 빠지는 곳인데, 방콕 대부분은 지대가 낮아서 물 빠짐이 심할 때는 이틀이 걸리는 경우도 생긴다. 편의점을 가고 싶어도 물을 헤치고 가야 하는데, 도저히 용기가 나지 않아 포기하게 된다. 물 빠짐을 기다리다가 캐스팅 마감 30분 전에 딱 10걸음 걸어 본 적도 있다. 정말 생각하고 싶지 않은 기분으로 몸을 바로 씻었지만, 다시는 하고 싶지 않은 경험이었다.

한번은 집에 들어오다가 폭우를 만났다. 동네 어귀부터 차들이 우회하고, 내가 탔던 택시도 시도해 보다가 도저히 안 되겠다고 돌아 나와 근처 호텔에서 잤다. 아침에 SUV 우버를 잡아서 들어가는데 그때까지도 물이 차 있었다. 태국의 우기를 참 많이도 겪었다. 이제는 미리미리 냉장고를 채워두고 물도 충분하게 6L 큰 통 2개 이상은 사둔다. 예기치 않은 상황에 집에 갇히는 경우가 생기더라도 당황할 일이 없게끔 준비하는 습관이

생겼다. 이제는 비가 와서 물이 차면 그날은 off! 아무것도 안 한다. 청소하고 빨래하고 영화 보고 온종일 집순이로 살아간다. 물 차있는 걸 보면 지겹게 느껴지기도 하지만 뭐, 나름 살아가는 요령이 생겨서 괜찮다. 이젠 예상보다 빨리 빠지면 박수가 나온다.

소중한 기억

자체적으로 옷을 만드는 곳과 몇 개월에 한 번 정도 띄엄띄엄 촬영했던 적이 있었다. 촬영 스케줄에 여유가 있어서 홍콩으로 다시 갔다. 내가 홍콩으로 떠나고 촬영해야 하는 옷들이 생겨서 프리다 언니가 캐리어 2개에 옷을 이고 지고 왔다. 우린 언니가 잡지기자로 일할 때 만났다. 홍콩까지 와준 그녀가 너무 반갑고 고마웠다.

프리다 언니와 마카오로 넘어갔다. 홍콩의 매력 중 하나는 언제든지 비자와 상관없이 마카오를 자유롭게 왔다 갔다 할 수 있다는 것이다. 마카오는 400년 동안 포르투갈령이었다. 아시아지만 옛 유럽과 같은 분위기의 건물과 포르투갈 특유의 색감을 지니고 있어서 가끔 관광으로 혹은 비자 갱신을 위해 가곤 했었다. 특히 모델 워킹 비자를 가지고 갈 때 일반 관광객이 아닌 홍콩 시민권자 라인으로 출입국을 통과할 수 있다.

4월의 마카오는 이제 막 여름이 시작된 때라 밖에서 촬영하기에 힘든 날씨는 아니었다. 그리고 우리가 촬영한 그 날은 약간 구름까지 낀 날! 기존에 촬영했었던 콘셉트가 뿌연 듯, 몽환적인 듯했던 터, 날씨까지 완벽하게 들어맞았다. 대체로 야리야리한 옷과 마카오 건물의 묘한 컬러가 잘 어우러졌다.

촬영은 언니가 진행 겸 포토 그래퍼, 나는 모델 겸 보조. 하나는 옷, 하나는 신발, 가방 등의 액세서리를 넣은 이케아의 파

란색 큰 쇼핑백을 둘이서 사이좋게 하나씩 나눠 매고선 발 길이 닿는 곳, 마카오 골목 구석구석 걸어 다니면서 맘에 드는 곳이 나타나면 멈춰서 찍었다. 중간에 공중화장실이 있는 곳도 있었지만 대부분 주거지역이라 관광객의 발길이 뜸했고, 평일의 낮이라 지나다니는 사람들이 적어서 치마 안으로, 티 안으로 옷을 넣어 눈치껏 잘 갈아입었다. 한국이었으면 조금 주저했을지도 모르지만, 해외라는 공간이 우리를 용감하게 만들었다. 사람이 오면 갈아입다가도 멈추고 언니가 쇼핑백으로 가려주고, 그런 상황조차 웃긴다고 깔깔거리며 웃고, 또 이동하고 찍었다.

지금 봐도 그때의 색감이 예쁘다. 나는 풋풋했고. 노랑 파랑 초록, 닳은 듯 낡은 듯 오래된 건물에서 이국적이면서 사람 사는 모습이 묻어있는 골목을 누볐다. 마카오라 하면 떠오를 성 베드로 성전이나 세나도 광장의 사진은 없지만, 그 어떤 때의 마카오행보다 가장 기억에 남는다. 또 하라고 하면 못할 것 같은(옷 갈아입을 용기가 안 난다 ^^;;), 그래서 더 소중한 기억이다. 내가 웃기게 나왔어도 그 사진을 차마 지우지 못 하는 건 그때의 추억 때문인 것 같다.

태국 오토바이

2008년 처음 방콕에 왔을 때 모든 것이 신기했다. 상상을 초월하는 길 막힘도 충격이었고, 오토바이가 쌩쌩 달리는데 사고가 잘 나지 않는 것도 신기했다. 러시아워의 시작은 지역마다 다르지만 내가 있던 곳은 아침 7시부터 시작한다. 택시를 잡기도 어렵고 어렵게 탄 택시도 하염없이 막히는 길에 절망적일 수밖에 없다. 아침 9시 촬영이라면 2시간 전에 출발은 기본, 평소 20분 거리에 있는 곳도 1시간은 잡고 출발해야 안전하게 도착할 수 있었다. 그나마 다행인 건 방콕이 워낙 교통체증이 심해서일까 몇 분 늦는 거로 뭐라 하지 않는다. 하지만 내 마음이 불편한 게 싫어서 일찍 다니는 편이었다.

교통체증이 워낙 심해 개인 오토바이 외에 오토바이 택시의 수도 상당히 많다. 기사가 주황색 조끼를 입었다. 오토바이 택시는 주로 타는 사람과 전혀 타지 않는 사람으로 나뉜다. 나는 전혀 타지 않는 사람이었다. 쌩하니 지나가는 것도 불안하고 가끔 택시에 타서도 사이드미러에 살짝 부딪히며 차 사이로 가는 경우도 있어서 무서웠다. 처음 오토바이를 탄 건 저녁 늦게 골목 끝쪽에서 캐스팅이 끝날 때였다. 방콕은 길거리에 개들이 많아서 밤에는 조심해야 하는데 그 길에 유난히 개들이 떼 지어 있었다. 택시를 불러야 하나 고민하고 있는데 오토바이가 경적을 울리며 다가왔다. 그 상황에서는 오토바이보다 개들이 더 무서웠다. 가까운 마트로 목적지를 정하고 뒷좌석에 앉았는데 막

상 타니 안정감이 있었다. 5분 남짓에 가격은 15밧(약 500원)을 냈다. 꽤 만족스러운 경험이었다. 그렇게 오토바이의 매력을 알아버렸다.

다음부터는 가까운 거리, 막히는 곳은 오토바이를 타고 다닌다. 2014년 즈음부터 타기 시작했는데 왜 진작 타지 않고 길 막히는 내내 차 안에서 그 맘고생을 했을까 싶었다. 역시 많은 사람이 타는 이유가 있었다. 편하고 빨랐다. 급할 땐 자연스럽게 오토바이를 잡는다. 주황색 조끼를 입은 분을 향해 손을 번쩍 들면 된다.

떠나면 그리워진다

태국에서는 집도 좋지만, 집 주변에서 시간을 보낸다. 주변에 높은 건물도 없고 태국 주택 '무반'이 줄지어 있어 처음 도착했을 때부터 아늑함을 느꼈다. 방콕 시내에서 좀 떨어진 곳이지만 도시 같지 않은 편안함이 있었다.

아무것도 없는 날엔 집에 있기도 하지만 늘어지는 게 싫어서 책이나 노트북을 가지고 카페에 간다. 원래 이름이 있지만 '코너' 집으로 부르는 곳. 집에서 제일 가깝고, 그래서 자주 가고 우리 아파트 사는 모델들의 주식을 책임지는 곳이기도 하다. 원래 태국 음식점으로 오픈했는데, 항상 몸 관리를 하는 외국인 모델들이 자주 가다 보니 샐러드, 요구르트 스무디, 닭고기 요리 등의 메뉴가 생겼다.

밥만 먹을 땐 1층, 좀 오랜 시간 보낼 때는 2층에 올라간다. 처음엔 어색했지만 먼저 이름을 물어봐 주고 한국말로 '안녕하세요' 인사를 건네주는 곳. 하루 두 끼를 먹을 때도 있고 지나가다가도 잠깐씩 들려 수다를 떨기도 한다. 아플 때 점심을 먹으러 갔는데 나오기 힘들 땐 배달해 줄 테니까 쉬라면서 전화번호를 저장해 주기도 했다.

떠날 때가 되어 작별인사를 하러 갔는데 "Take care, when you come back?" 언제 다시 올 건지 궁금해하는 그들이 좋았다. 가끔 코너 집이 휴일이거나 더 조용히 있고 싶을 땐 다른 카

LOVE
LOVE

페를 갔다. 이제는 영업을 안 해서 슬프지만 몇 년 동안 휴식 같은 아늑한 공간을 준 곳도 있고, 묘하게 중독되는 볶음 라면을 팔아서 꽤 열심히 갔던 카페도 있다.

처음에 영어도 잘 통하지 않고 어렵다고 생각했는데, 늘 밝고 친절하게 대해주는 사람들이 있어 이곳에 잘 적응할 수 있었다. 길거리에 프라이드 치킨, 피자, 꼬치, 커피, 두유 등을 파는 사람들과 눈이 마주치면 서로 인사를 주고받는다. 언제나 그들은 반가운 얼굴을 하고 있다. 처음 갔을 때도 좋은 인상으로 기억되는데 두 번째 갈 땐 알아봐 주고 더 반가워 해준다. 떠나면 그리워진다.

아주 편한 사이

방학이 있는 교사지만 성수기인 탓과 방학 보충수업으로 그동안 못왔던 엄마가 갑자기 내가 어떻게 사는지, 혼자 타지 생활하는 딸에게 미안했다며 깜짝 방문했다. 미안하다고 한 말이 마음에 걸렸지만, 워낙 즉흥적인 성격이라 그러려니 했다.

갑자기 방문해서 스케줄 체크를 못했다. 아니나 다를까 저녁 식사를 한창 하고 있던 7시! 촬영 스케줄이 전달됐다. 그날 밤 11시부터! 다행히 밤 11시에 시작한 촬영은 다음 날 아침 종료했다. 그때는 부엌이 있는 방이었는데, 집에 도착하니 따뜻한 밥이 차려져 있었다. 한국에서 가져온 김치와 멸치볶음이 너무나 반가웠다. 3박 5일 짧은 일정이었지만 밤에 촬영한 덕분에 하루를 벌었고 파타야까지 다녀오는 여유도 부렸다.

2017년엔 부모님이 함께 태국에 왔다. 출발 당일, 부모님도 다 할 수 있는데 인천공항부터 인터넷 체크인을 해드리고, 입국카드 적는 방법 등 굳이 사서 걱정을 했다. 엄마가 혼자 왔을 때보다 두 분이 같이 오니 기분이 이상했다. 가족 상봉을 했다.

부모님을 위해 내가 선택한 지역은 랑수언(Lang Suan). 좋은 곳도 많지만, 부모님이 조용하게 휴식할 수 있는 곳을 선택했다. 시내 중심부지만 길이 덜 막히고 한산해서 부모님이 산책하기도 괜찮고, 관광하러 이동하기에도 좋고, 근처 마사지 샵도 많았다. 늦잠 자는 나는 당연하게 조식을 패스하고 두 분이 오랜만에 데이트를 즐겼다. 졸려서 잔 것뿐인데 효녀가 됐다. 아

침 식사 후 수영을 하고 돌아오면 엄마는 낮잠을, 아빠는 책을 보거나 이야기를 나누며 느긋한 시간을 보냈다.

우린 서툰 아빠와 예민한 딸이다. 내가 살갑게 대하는 딸이 아니어서 더 어려웠던 것 같다. 계곡에서 텐트 치고 물놀이하고 즐거울 때가 있었던 반면, 아빠가 안아주기만 해도 간지러움을 못 참고 울어버린 유년 시절이 있었다.

엄마와는 친구같이 지내면서 아빠랑은 왠지 서먹함이 있었다. 고등학교 땐 아빠랑 대화한 기억이 거의 없다. 아빠가 다가오기 어려운 딸이 되어 버린 건 아닌가 싶었다. 나에 대해 모르니 질문을 하지 못할 수도 있겠다 싶었다.

지금은 아주 편해졌다. 일단 내 얘기를 한다. 아빠가 하는 질문의 종류가 달라졌다. 가끔 의견 충돌이 나기도 하지만 예전보다 훨씬 친해졌다.

궁전과 왓포 투어, 맛있는 것도 많이 먹고 여유 있게 즐기는 시간을 보냈다. 부모님이 다음 여행지 얘기를 했다. 만족스런 투어였나 보다. '다음엔 더 편안히 모시겠습니다!' 하하.

모델도　　마찬가지다

해외에서 활동한다고 하면 특별하게 보는 경우가 있지만, 결국 외국인 노동자일 뿐이다. 촬영하게 되면 배려받는 건 사실이지만 촬영을 하기까지 과정이 쉽지 않다. 개스팅에 가서 기다리고 헤어메이크업을 받고 옷을 갈아입고, 카메라 테스트를 하고, 촬영이 결정되면 피팅을 가는데 특히 태국의 경우 피팅도 만만치 않다.

헤어메이크업을 하고 준비된 의상을 하나하나 입고 사진 찍고 광고주의 컨펌을 기다린다. 여기서 결정이 안 나면 헤어를 바꾼다던가 옷을 바꾼다던가 수정에 들어간다. 반나절 정도 걸린다고 보면 된다.

모델이 많을수록 오래 걸리고 내가 중요한 광고의 메인이면 더 오래 걸린다. 그리고 촬영. 촬영은 그래도 괜찮다. 모델만 따로 챙겨주는 스텝이 있다.

외국에서 일하려면 취업비자도 필요하고 워크퍼밋(고용허가증)이 있어야 한다. 비자는 대사관에서, 워크퍼밋은 노동청에서 따로 발급받는데, 아침에 가야 하고 시간도 꽤 걸린다. 보통 발급받는 기간이 워킹비자와 같은 90일이라 오래 체류할수록 노동청에 가는 횟수도 증가한다.

태국에 사는 모델들은 다른 방법으로 6개월 혹은 1년짜리를 받지만 나는 단기 체류라 90일 이상은 받을 수가 없다. 최근 태국 정부의 모델에 대한 규제가 강화되어서 워크퍼밋이 없으

면 불법 노동자로 간주하여 회사도 모델도 타격을 입는다. 일하려면 어쩔 수 없다. 워크퍼밋도 일의 한 부분이 되었다.

세상에 돈 버는 일은 쉽지 않다. 모델도 마찬가지다. 모델이 자유롭고 화려해 보이고 돈도 잘 버는 것처럼 보이지만 일하기까지의 과정과 생활을 유지하는 일, 오디션에서 떨어져 어지러워지는 마음을 잡는 일, 먹고 싶은 거 자제하고 운동하고, 일이 없을 때의 무료함, 간혹 인종차별 등 쉬운 직업은 아니다. 좋아서 하는 일이지 누가 하고자 하면 진지하게 말리고 싶은 일이다.

고마운 인연

태국 에이전시는 2008년부터 봤으니 올해로 10년이 됐다. 고향에 돌아간 사람들도 있지만 우린 여전히 SNS로 서로의 안부를 확인한다. 몇 년 전 암으로 포토그래퍼인 Loong을 먼저 떠나보낼 땐 모두가 아픔을 함께했다. 서로의 대소사를 나누는 에이전시 이상의 가족 같은 사이가 되었다.

홍콩에서는 Ricko와 Kim을 2007년 2월 촬영장에서 만났다. 그리고 다시 홍콩에 돌아왔을 때, 생일을 맞이했는데, 고맙게도 나의 생일을 기억하고 축하해 주었다. 그것도 도착하자마자 바로 생일이었는데 기억하고 있을 줄이야. 처음 먹어본 망고 케이

크도 너무 맛있었다. 가끔 만나 밥도 먹고 내가 홍콩에 있으면 늘 신경 써주는 고마운 인연이다.

일의 특성상 늘 새로운 팀과 일하게 된다. 그중에서 유난히 정이 가고 마음이 맞는 스텝들이 생긴다. 단지 하루만 같이 일하는 사람들이지만 마음이 잘 맞으면 오랜 촬영도 재밌다. 그렇게 만나 친구가 되기도 한다.

끝이 없다

태국에서 빼놓을 수 없는 샤부샤부. 항아리에서 건져먹는 것도 있지만 이건 주로 야외에서 먹어야 한다. 그래서 'MK'가 가장 무난한 선택이지 않을까 싶다. 우리나라 샤부샤부와 비슷하지만, 안에 들어가는 재료를 각각 선택할 수 있다. 물론 세트도 있다. 일반 MK, MK 골드 두 종류. 해산물이나 고기 위주, 좀 더 신선한 채소를 원한다면 골드지만 일반 MK도 아주 훌륭하다. 그리고 채소 육수라 비건(Vegan)인 사람도 충분히 먹을 수 있다.

샤부샤부도 아니고 무엇을 먹을까 고민이 되거나 결정을 못 하겠다 싶으면 백화점이나 쇼핑몰의 푸드 코트를 간다. 매콤한 똠얌 쌀국수도 맛있고, 태국식 족발도 너무 맛있다. 모르는 음식도 시켜본다. 대체로 가격이 저렴해서 둘이 가도 세 개 이상 시켜서 먹는다. 태국식 디저트도 달곰하니 맛있다.

태국에서는 패스트푸드도 남다르다. 일단 맥도날드, KFC에서는 케첩을 주지 않고 플라스틱 소스 종지를 준다. 그걸 가지고 케첩이랑 칠리소스를 취향에 따라 담아가면 된다. KFC에 닭튀김 덮밥이 맛있다. 맥도날드에도 밥 메뉴가 있다. 피자컴퍼니라는 태국 피자 체인에는 똠얌꿍 피자가 있는데, 우리나라 불고기 피자 같다고 보면 된다. 생각보다 냄새가 안 나고 꽤 맛있다. 그걸 왜 먹냐고 하는 사람이 가끔 있는데 적어도 내 주변 사람

들에게 실패한 적 없는 메뉴다. 특히 똠얌꿍을 못 먹는 사람도 이건 먹을 수 있었다.

해산물 또한 기가 막힌다. 그냥 길거리에서 먹어도 퀄리티가 상당하다. 대신 날것은 시도하지 않는다. 새우가 장난이 아니다. 생선도 굉장하다. 구워 먹고 튀겨먹고 쪄먹고, 어떻게 먹어도 다 맛있다.

태국 음식 얘기는 해도 해도 끝이 없다!!

와서 신기했던 것은

태국에 와서 신기했던 집은 '무반' 이다. 2~3층 정도의 주택인데, 내가 있던 동네에는 기다랗게 직사각형으로 된 무반이 있다. 신기했던 건 층별로 호수가 나뉘는 게 아니라는 것. 모든 집이 동일하게 입구는 1층에만, 맨 위층까지 복층의 구조로 되어 있다. 그래서 건물의 색을 칠하는 일도 각자의 선택. 그래서 동네엔 알록달록 색칠 한 무반도 있고, 그림을 그려 넣은 무반도 있다.

나는 아파트에 살았었다. 아파트라고 해도 부엌은 옵션이다. 보통 태국의 집은 부엌이 없다고 해서 놀랐는데, 워낙 음식들이 싸고 다양해서 부엌 없이 살기에도 큰 어려움은 없었다. 대신 아파트는 방향이 중요했다. 뷰를 생각해서 선택한 방이었는데, 아침부터 햇빛이 엄청 들어와서 낮에 온도를 낮추지 않으면 에어컨에서 따뜻한 바람까지 나오는 찜질방 같은 곳이었다. 한 달도 견디지 못하고 이사를 했다. 이제는 그쪽의 방은 가지도 않는다. 조망권은 사치, 차라리 건물에 살짝 가려지는 편이 시원하고 살기 좋았다.

히비스커스　　꽃을

사 왔다

여유로움도 좋고

구경하는 재미도 있고

스치는 풍경들이 좋아서.

한국요리 전도사

외국에 나가 있는 동안, 내가 한국 사람이라고 하면,

"I LOVE KOREAN FOOD!"
"뭘 좋아하니?"
"BULGOGI, Hmm BIBIMBOB?"
"김치는 알아?"
"I love Kimchi too. It's like a Salad right?"
"샐러드 ^^;"

외국인들이 알고 있는 한식의 이미지는 단조롭다. 불고기와 비빔밥만 외치는 외국인들에게 떡볶이를 전도했다. 나의 베스트 추천 아이템은 짜장면과 떡볶이, 실패가 없다. 특히 매운 거 못 먹는 사람도 먹을 수 있는 짜장면, 어느 정도 매운 게 가능한 사람이라면 떡볶이까지.

2017년 대만에 활동하러 갔을 때 룸메이트였던 Tang은 슈퍼주니어와 신화를 좋아했다. 삼시 세끼도 봤다. 또 다른 룸메이트 Chin은 런던에서 8년을 살아서 그런가 한류를 전혀 모르고 한국 요리는 불고기뿐, 여느 외국인과 다르지 않았다.

대만의 건국기념일인 쌍십절. 떡볶이와 김치볶음밥을 해 먹기로 했다. Chin은 한식을 잘 모르지만 매운 걸 어느 정도 먹을

줄 알았다. Tang은 매운 걸 잘 못 먹어서 치즈 떡볶이로 결정했다. Tang이 재료준비를 도와주고 Chin이 밥을 해줬다. 30~40분 정도 만에 밥하고 떡볶이하고 김치볶음밥까지 다했다.

결과는 대성공. Chin이 처음 먹어보는 떡볶이를 너무 맘에 들어 했다. Chin은 채식을 시작한 지 얼마 안 돼서 고기류를 전혀 안 먹는데 다행히 어묵류는 먹는다고 했다. 어묵에 떡볶이 소스는 얼마나 대단한 맛인가. 또 먹자고 했다. 넉넉히 한 김치볶음밥도 남았었는데 다음날 Chin이 아침으로 깔끔하게 해치웠다. 김치를 끓이거나 볶으면 다른 맛이 나온다는 것에 굉장히 신기하다며 관심을 보였다. 뿌듯했다.

그 후에 Chin과 둘이 있던 점심에는 '짜왕'을 사서 먹었다. 너무 좋아했다. 역시 짜장면과 떡볶이는 웬만해서 실패가 없다 특히 짜장면은! 또 뭘 해 먹을까 궁리하게 된다.

영어
그리고 현지 언어

초등학교 시절 우리 집 1층에 살던 아주머니가 학습지 영어 선생님인 덕분에 학원이 아닌 회화 위주의 영어공부를 시작할 수 있었다. 1주일에 1번은 만나서 영어로 말할 때의 혀의 모양, 발음의 기초를 배우고 매일 5~10분 정도 교재에 나온 회화를 선생님과 통화를 하면서 발음 체크 겸 대화를 나눴다. 문법보다는 말하기 위주의 수업이어서 일반적인 영어공부보다 재밌게 영어를 접했다.

단어는 할아버지의 덕이다. 노트 1장에 1천 원씩 받아서 일주일 7장을 채우면 1만 원을 받았다. 굉장한 목적의식이 발동한다. 공부도 하고 용돈도 받고. 할아버지는 지략가다.

이러한 공부가 훗날 해외 촬영을 가면서 큰 도움이 되었다. 정말 감사한 일이다. 옷을 입어보고 어떤 문제가 있는지 체크하고 사진을 찍는다. 'close up', 'full shot', 'left side, right side', 'change next'. 해외에 혼자 가서 영어로 의사소통을 해야 했지만, 한번 알아듣기 시작하니 쉬운 단어부터 들리기 시작했다. 촬영에는 통역하는 분이 있었지만, 감독님이 나에게 직접 영어로 디렉팅을 하기도 했다.

통역 없이 다닐 수 있을 정도의 영어가 가능하다는 걸 알았다. 두려움이 조금씩 사라졌다. 부딪혀 봐야겠다. 일단 말을 건넨다. 목적은 식사 주문. 먹으려는 사람과 파는 사람의 목적이 분명한 곳에서 쉽게 미션 완료. 몇 번의 성공을 하니 영어가 두렵지 않게 되었다. 물론 짧은 촬영 일정엔 그렇다 쳐도 3개월을 살기엔 내 영어가 부족하다는 걸 느낀다.

한번 나가면 기본 3개월에서 길게 5~6개월 정도 짧다면 짧은 체류 기간이지만, 해외 활동 10년 차에 접어든다. 지금도 유창하다 할 수는 없지만, 외국인들과 계속 영어를 하다 보니 조금씩 늘고 있는 것 같다. 외국인과 대화하는 건 확실한 영어공부가 된다. 그래서 초반에는 에이전시에 말해 외국인 특히 영어권 애들과 룸메이트가 되게 해달라고 부탁했었다.

발음이 나쁘지 않은 탓인지 영어를 어느 정도 하겠거니 외국인에게 오해를 받는다. 그 외국인은 나와 말하는 것을 주저하지 않는다(재밌는 일이다. 보통 영어를 못하는 쪽이 두려워해야 하는데, 상대방이 내가 못 알아 들을까 봐 두려워하는 경우도 있다).

현지에서 제일 먼저 배우는 말은 당연히 인사. 그다음은 음식 관련 언어와 택시 용어다. 특히 태국에서는 기본 쌀국수 양이 적어서 곱빼기(피셋)를 제일 먼저 익혔다. 고명들은 그대로지만 국수의 양이 1.5배가 많다. 아주 유용하다. 택시 앱을 이용해서 다니는데 집 주소를 찍어놔도 굳이 전화하는 분들이 많다. 그중에는 영어로 의사소통이 어려운 분들이 많아서 집 주소

Happy Tourist
Buddy
dtac
I
KHAOSAN

를 태국어로 외웠다. 내가 타야 하니까! 생존이 걸리면 외워질 수밖에 없다. 그밖에 '고속도로 타주세요', 혹은 '타지 말아주세요', '빨리 가주세요' 같은 생활 언어들도 외워뒀다.

Chin은 런던에서 8년 살다 온 대만사람. 중국어도 가끔 배우지만 영어 표현 같은 것도 많이 배웠다. Chin과 수다를 떨다가 모르는 단어가 나오면 잠깐! 하고 사전 앱으로 찾아본다. 창피함은 없다. 모르는 걸 배우는 것이 우선이다. 하나의 단어라도 배운다는 건 즐겁다.

집 찾기

낯선 곳에서 제일 먼저 필요한 건 집이다. 내 몸 하나 뉘일 곳이 있어야 가능한 게 삶 아닌가. 보통 모델 에이전시는 아파트를 가지고 있다. 방의 개수에 따라 2~4명, 3개의 방이면 5~6명이 산다. 태국은 에이전시마다 다른데 내가 속한 에이전시는 회사 아파트가 없지만, 회사 근처 집을 연결해줘서 그곳에서 지냈다.

대만은 상황이 달랐다. 소속된 에이전시에는 오래 사는 일본 모델과 대만 모델이 많아서 하필 내가 오기 1년 전에 아파트를 없앴다고 했다. 에이전시가 집 찾는 데 도움을 줄 수 있다고는 했지만 내가 지낼 아파트! 우선 내가 찾아보기로 했다.

해외는 당연히 구글이지. 부동산 웹페이지를 찾았다. 이런 모두 1년 계약이다. 나는 비자도 그렇게 안 나오는데…. 그러다가 셰어하우스 페이스북 페이지를 찾았다. 하루 만에 가입 승인이 됐다. 음 물건들이 많았지만 역시 주로 1년이었다. 그러다가 3개월 이상만 살면 된다는 Yiling을 알게 됐다. Yiling은 다른 곳에서 살다가 새로운 집에 같이 들어갈 하우스 메이트를 구한다고 했다. 다다미방이 있는 집에 가격도 괜찮고, 일단 사람이 착해 보여 좋았다. 대만에 가는 일정을 잡고 비행기 표를 예약했다. 그러다가 갑자기 Yiling이 미안하다고 다른 집을 구해봐야 한다고 연락이 왔다. 원래 대만을 가려고 했던 날이 8월 3일인데 10월에 들어갈 수 있는 집은 어떠냐고 묻는다. 이미 비행기

표를 예약했는데 부랴부랴 페이스북 페이지를 다시 뒤졌지만 2주 만에 들어갈 수 있는 집은 없었다. 어쩔 수 없이 친구에게 부탁했다. 그래서 2016년은 친구네 집에서 월세살이했다.

2017년에는 사실 대만을 염두에 두지 않고 있었다. 그러다가 집을 구하면 대만을 가볼까 하고 다시 한번 페이스북을 뒤졌다. 아주 즉흥적으로. 그때가 태국 5개월 생활을 하고 한국 돌아온지 1주일 되는 9월의 어느 날이었다. 그것도 친구랑 대만 얘기하다가 집에 돌아가는 길이었다. 몇 개의 페이지를 보다가 메시지를 보냈는데 답장이 왔다. 아직 집에 도착하지도 않았는데 벌써 구하게 되는 건가? 내가 작년에 친구한테 줬던 월세보다 15% 싸다. 위치는 친구네에 비교하면 먼 것도 아니다. 구글 로드맵으로 주변도 살펴봤다. 괜찮았다.

셰어하우스에 사는 Tang과 Chin 둘 다 대만 사람이었다. 10월 1일부터 3개월이라고 했다. 다른 룸메이트가 1월에 들어온다고 했다. 나는 3개월만 머물 수 있는 사람, 정말 이렇게 잘 맞는 타이밍이 어디 있을까. 에이전시가 Tang과 만나서 계약을 처리해 주었다. 이렇게 일사천리로 집을 구했다.

방 3개에 화장실이 2개, 약 25평집에 월세 37만 원 전기료와 수도세 포함이었다. 이런 컨디션을 어디서 구하나 싶었다. 무엇보다 동네도 좋았다. 대만을 오기 위한 과정이 이렇게 수월해도 되나 싶었다.

일단 집은 구해졌고, 대만에서의 두 번째 생활이 가능해졌다! 신난다.

한가로운 어느 토요일

한가로운 어느 토요일, 룸메이트인 Tang의 어머니와 여동생, 남동생이 집에 온 적이 있다. 고맙게도 같이 식사를 하자고 제안해줬다.

낮에 동네 시장에 갔던 Tang이 어머니와 여동생과 돌아왔다. 분위기가 비슷하다. "니하오" 이럴 땐 중국어로 인사를 잘도 한다. Tang이 웃는다. 이것밖에 못 하는데 당당하게 인사하는 내가 재밌나 보다. Tang의 본가는 싼 충, 뉴타이베이 시티다. 우리나라로 치면 경기도에 해당하는 지역이다. 그곳에서 Tang의 일터까지 길도 많이 막히고 시간도 1시간 넘게 걸려서 지금 우리가 사는 네이후(Neihu) 지역으로 나와 산 지 9년째라고 했다. 그래서 Tang은 다른 약속이 없으면 주말에 가족들과 시간을 보내고, 저녁에 다시 돌아왔다.

Tang의 어머니가 집에서 곱창 국수와 감자로 만든 찹쌀떡, 나물 반찬을 해주었다. 대만에서 유명하다는 곱창 국수는 가쓰오부시를 넣고 계속 끓이는데, Tang의 어머니가 만들어준 곱창 국수에는 가쓰오부시가 없어도 충분히 고소하고, 많은 곱창이 들어가 있어서 더 맛있게 먹었다. 감자 찹쌀떡도 은근한 맛으로 계속 주워 먹었다. 음식 솜씨가 좋았다.

Tang의 동생이 로젤(Roselle)이라는 히비스커스 꽃을 사 왔다. 이걸로 잼을 만들 거란다. Tang의 남동생은 저녁 시간에 맞춰서 집에 왔다. 대만식 두반장 소스를 들고 왔다. 우리나라 쌈

장보다 조금 매콤하고 짜다. 원래 두반장 소스를 좋아했는데 이건 좀 달랐지만, 이거 하나만으로 훠궈 소스로 충분했다.

어머니는 밥 해 먹었던 전기 솥(電鍋-dian gou)에 연어를 생강채와 함께 쪘다. 훈제연어, 생연어 외에 퍽퍽하게 익힌 연어는 잘 안 먹는 데 이건 신세계다. 비린내도 없고 촉촉하니 부드럽게 잘 익혀졌다. 거기에 생강의 향이 너무 조화롭다.

저녁은 만족하기에 충분했다. 그리고 녹차까지, 느끼한 맛을 차가 싹 잡아주었다. 너무 배가 불렀다. 준비한 우동이 나오지도 못하고, 소고기 1팩도 남았다. 5명이 쉬지 않고 먹었다. 너무 만족스러운 식사였다.

어디나 비슷하다

대만은 MRT라고 불리는 지하철과 버스가 정말 잘 되어있다. 지불 방법은 현금이나 Easy Card로 우리나라 티머니 같은 카드를 쓴다. 홍콩의 옥토퍼스 카드도 이런 쓰임새다. 이지카드나 옥토퍼스 카드는 버스, 지하철, 편의점, 스타벅스, 맥도날드 등 생각보다 많이 쓰인다. 택시는 제외. 택시는 일반 카드는 되지 않는다.

지하철과 버스는 타이베이 구석구석을 다닌다. 가격도 비싸지 않고 구글 맵으로 내가 탈 버스가 몇 분 후 도착한다는 것도 알 수 있다. 대만에 처음 와서는 교회 가는 길에 버스를 탔다. 당연하게 카드를 찍으니 다들 이상하게 쳐다봤다. 순간의 기분 탓이려니 넘기려는데 아저씨가 나를 부르더니 중국어로 뭐라 하면서 어떤 티켓을 줬다.

上車, 下車 표시로 요금을 탈 때 내는 것인지, 내릴 때 내는 것인지 구분 짓는다고 한다. 내가 탄 차는 下車였다. 받은 티켓은 이미 돈을 지급했다는 표시였다.

어떤 버스는 30분 넘게 탔다. 탈 때 上이었다가 내릴 때 下로 되어있었다. 두 번 내면 된다. 하지만 내가 10분 남짓 탔다면 안 내도 되는 융통성을 가진다.

지하철(MRT)은 깨끗한 편이다. 개찰구 앞 노란 선이 있는데 '선을 지나서는 먹고 마실 수 없다'라고 빨간 경고문구가 쓰

進入本區

여 있다. 그건 홍콩도 마찬가지. 벌금도 꽤 세다. 그래도 깔끔하고 오래 타도 1시간 내라서 크게 불편하다고 생각하지 않는다. 처음엔 주변이 익숙지 않아서 지하철을 주로 탔는데 나중엔 스치는 풍경들이 좋아서 초행길도 버스로 다녔다. 버스가 주는 여유로움도 좋고 사람 구경하는 재미도 있다.

그 나라의 룰을 익히면 된다. 어디나 사람 사는 모양은 비슷하다.

기차를 타고 가는 고양이 마을

친구가 대만에 놀러 온 적이 있었다. 크게 바쁘지 않은 주간이라 조금 멀리 나가 보려고 온천을 알아보다가 자오시(Jiaoxi)를 알게 되었다.

버스로 1시간, 익스프레스 기차로 1시간 두 가지 방법 중 기차를 선택했다. 타이베이 역으로 향했다. 평일이지만 생각보다 사람이 많았다. 익스프레스는 만석. 1시간 50분이 걸리는 다음 기차표를 끊었다.

기다리는 동안 점심으로 먹을 기차 도시락을 골랐다. 가격도 65~100 NT(2500~3700원)로 저렴한 편이다. 우리나라 도시락처럼 밥 칸 반찬 칸이 나누어져 있는 도시락도 있지만 기차

도시락은 기본적으로 나뉘는 칸 없이 밥 위에 반찬이 올려져 있다. 그래도 가짓수가 꽤 된다. 메인인 생선이나 고기반찬에 채소, 달걀 등이 얹어서 나오는 꽤 알찬 구성이다. 기차 타고 가는 길 즐겁게 나눠 먹었다.

자오시에 도착. 비는 여전히 내리는 중이었다. 비가 온다 해도 온종일 내리는 날은 드문데 그 날이 오늘이라니. 그래도 온천을 하기엔 괜찮은 날이었다. 역에서 나오자 자그마하게 펼쳐지는 도시가 아늑하니 좋았다. 타이베이랑 다르게 조용한 분위기의 작은 도시였다. 가고 싶었던 온천은 2시간이나 기다려야 해서 포기했다. 건너편에 온천이 보였다. 여느 온천이랑

POST

Minimal Postcard 45元
Minimal Postcard
1Set/セット 280元

은 좀 달라 보였다. 보통 호텔건물에 온천 하는 공간이 있는데, 여긴 단층으로 이루어진 곳이었다. 가격은 비슷했다. 1시간에 400~600 NT(1~2인 가격 동일/15,000~22,000원). 천정에 창문이 열리는 곳으로 정했다(600 NT). 부족하면 중간에 추가하려고 했는데 딱 떨어지게 온천을 즐길 수 있는 시간이었다.

비 오는 날에 온천. 거기다가 천정의 열리는 창으로 떨어지는 비. 1시간이 후딱 지나갔다. 충분히 위로되는 시간이었다.

타이베이 가는 길에 고양이 마을인 허우통(Houtong)에 들리기로 했다. 원래 탄광 마을이었는데 고양이들이 많아지면서 유명해진 지역이었다.

자오시에서 허우통은 서울 1호선 느낌이 나는 기차를 타고 갔다. 13개 역, 1시간 정도 걸리는 거리다. 보통 찾는 시간보다 좀 늦게 도착하기도 하고 비도 와서 사람이 별로 없었다. 비가 와서 고양이가 나와 있을까 걱정했지만 역시 대만 고양이. 아무렇지 않게 나와 있었다. 역뿐 아니라 역사 밖에도 꽤 많은 고양이가 있었다. 대부분 음식점이 6~7시를 넘기지 않는 짧은 영업시간이라 서둘렀다. 카페 안에도 고양이들이 많았는데 사람들과 친숙한지 관심표현을 해주기도 했다. 산으로 올라가는 길에 마을이 있어 안개가 낮게 깔려서 운치도 있고 아늑한 분위기를 만끽할 수 있었다.

내가 원하는 가벼움을 얻었다

머리카락이 빨리 자라는 편에 갈색 머리라서 한 달 반 정도마다 뿌리염색을 다시 해야 한다. 해가 지날수록 머리카락 상태는 점점 안 좋아졌고, 두피에도 부담이 돼서 검정으로 염색한 후 그대로 유지하고 있다.

태국에서 건너와 한국에서 한 달만 체류하고 다시 대만에 오느라고 머리카락 자르는 타이밍을 놓쳐버렸다. 지난번 촬영 헤어 팀이었던 친구가 대만에 왔으니 머리하러 오라고 연락이 왔다.

Seemore's. 주소를 받았다. 교회 근처, 매주 갔던 익숙한 동네였다. 주택들이 많은 곳으로 미용실은 오래된 주택 1층에 있었다. 귀여운 공간이었다. 자리도 5개밖에 없는 작은 공간. 하지만 알차게 꾸며놓았다.

캐스팅 때문에 기존 길이에서 크게 벗어나면 안 됐다. 2~3cm 자르고 약간 가볍게 쳐냈으면 좋겠다고 했다. 샴푸를 받았다. 우리나라는 샴푸 후 트리트먼트 단계에서 가볍게 두피 마사지를 해준다. 여기에서는 샴푸를 두 번 하고 두 번째에 두피 마사지를 해줬다.

이제 머리를 자른다. 꽤 머리를 잘게 나눠 가면서 자르기 시작했다. 사람마다 스타일이 다르겠지만 촬영 때도 상당히 꼼꼼한 성격이라고 생각했다(촬영 때도 메이크업보다 헤어가 더 오래 걸린 느낌이었다. 메이크업은 한번 하고 립 컬러만 바꿨는데

헤어는 2가지. 각각 40분 이상 걸렸었다). 내가 머리숱도 많은 편이라 꽤 오랜 시간이 걸렸다. 숱 치는 가위를 사용하지 않고 세세하게 레이어드를 해줬다.

보기엔 크게 달라지지 않았지만, 묶어보니 머리카락을 상당히 많이 쳐낸 게 느껴졌다. 꽤 맘에 들었다. 보기에 크게 달라지지 않았고 내가 원하는 가벼움을 얻었다.

고요함이 있어서

홍콩에서 도서관을 갔었는데 한국 책이 없어서 아쉬웠다. 태국에서는 TCDC(Thailand Creative&Design Center)라는 재밌는 공간이 있었다.

대만에서 도서관을 검색해봤다. 신 베이터우 시립도서관, 여기는 온천을 다녀오는 길에 봤었다. 그러다가 문방(文房)-Chapter라는 곳이 나왔다. '옛 건물 문화 운동'의 일부로 일제강점기 일본식 주택의 모습을 한 공공도서관이었다. 공공도서관이라 무료 개방이긴 하나 예약제로 운영이 되었다. 예약을 바로 했다. 시간은 하루 3타임. 이용시간은 1시간 50분이다. 밤 8시에 예약을 했는데 9시 조금 지나서 예약 확인 메일이 왔다. 빠르다!!

도서관을 예약한 날이 되었다. 두근두근 설렘이 증폭됐다. 예약 시간보다 조금 일찍 도착했다. 정문으로 들어가서 뒤뜰(?) 같은 곳까지는 자유롭게 드나들 수 있는 것 같았다. 조용하고 아늑하니 집에 온 느낌이었다. 이전 시간대의 사람들이 나오고 조금 지나자 직원이 나와 예약자 명단을 확인해주었다.

현관부터 신발을 벗고 들어갔다. 내부에는 편백에서 나오는 피톤치드 향이 가득 차 있었다. 약간 쌀쌀했지만, 분위기에 압도되어 크게 춥다고 느껴지지 않았다. 직원이 중국어로 공간을 설명해주었다. 바닥의 상태를 유지하기 위해 양말을 신어야 했

文房

다.

한쪽에 시즌마다 바뀌는 전시공간도 있었다. 큰 듯 크지 않은 듯 적당한 공간에는 편안하게 책을 볼 수 있게 꾸며져 있었다. 긴 테이블도 있고 1인 소파, 바닥에 앉아서 볼 수 있는 방석과 테이블, 어느 하나 빠지는 곳 없이 잘 꾸며져 있었다. 나는 뒤뜰이 보이는 쪽으로 앉았다. 노래도 듣고 책도 봤다. 대부분 중국어책에 간혹 일본어책이 있지만, 다행히 사진이 많은 건축물 관련 책이 있었다.

책을 보다가도 괜히 밖의 풍경으로 시선이 더 갔다. 눈이 온다면 이곳에 앉아서 핫초코 한잔하고 싶은 주택이다(커피를 좋아하지만, 이런 분위기엔 왠지 핫초코가 떠오른다).

퇴장 20분 전에 티타임이 있었는데 커피 혹은 티와 옛날 과자 같은 간식을 주었다. TV에서 이 건물이 만들어지는 과정을 담은 타임랩스 영상이 나왔다.

1시간 50분. 너무 짧은 시간이었다. 다시 올 수 있냐고 물으니 다음 달에 한 번 더 예약을 시도해보라고 했지만, 예약이 가능할지 확실하지 않다는 대답을 주었다.

도서관의 고요함이 있어서 좋았다. 아무래도 한 번 더 와야겠다.

거짓말 같은 행운

캐스팅 문자가 왔다. 연초 한국에 있을 때 받았던 일로 집에서 열심히 캐스팅용 비디오를 찍어서 보냈었다. 한번 찍어서 보내고 클라이언트가 맘에 들어 해 더 정확한 자세로 찍어서 두 번째 영상까지 보냈는데, 마지막에 다른 모델이 되어서 참 아쉬웠던 캐스팅이었다.

두 번째 캐스팅 기회가 왔다. 조금 특이하게 인터뷰 형식으로 진행이 되었다. 첫사랑, 일에 대한 질문을 받았다. 친한 캐스팅 디렉터의 일이라 편하게 얘기 나누며 인터뷰를 마칠 수 있었다.

결과가 좋게 나왔다. 10명가량의 모델이 필요한 촬영에 동양인도 찾는 캐스팅이라 확률이 좋았다. 너무 기뻤다. 게다가 두바이 로케라니! 너무 설레었다.

에미레이트 항공은 홍콩에서 태국 갈 때 타보고 9년 만이다. 후식으로 치즈 케이크가 맛있었던 기억이 난다. 비행기에서 잘 못 자는 편이지만 새벽 2시 비행기라 괜찮겠지 싶었다. 체크인했는데 웬일로 업그레이드를 받았다. 다만 업그레이드 받은 티켓으로는 라운지를 이용하지 못한다고 했다. 지금 라운지가 문제가 아니다 9시간을 날아가야 하는데 비즈니스 좌석이라니! 알고 보니 아무 할인이 없는 원래의 가격으로 결제한 이코노미 티켓 중 그날 비즈니스 좌석이 남아있으면 업그레이드를 해 준다는 것이었다. 넓은 좌석에서 잠도 잘 자고 밥도 잘 먹고 아침 해가 뜨는 하늘도 보고, 너무 기분 좋게 두바이에 도착했다.

도착하자마자 촬영장으로 피팅을 하러 갔다. 인사를 하고, 피팅은 옷 3벌을 입고 사진 찍는 거로 마무리되었다.

영어로 대사를 해야 하는 부분이 있는 촬영이라 유난히 긴장됐는지 아침을 거의 못 먹었다. 태국에서부터 전달받은 대사였는데, 막상 실전에서 하려니 머릿속이 새하얗게 됐다. 같은 콘셉트로 유럽, 아시아, 중동 버전으로 제작되는 것이었다.

내가 촬영했던 날은 이틀째. 이미 첫날 오버타임으로 다들 시작부터 서두르는 모습이었다. 나는 이틀째 두 번째 모델이었다. 메이크업하고 헤어를 하는데 벌써 '빨리빨리'를 외친다. 어제의 여파일까 다들 피곤해 보였지만 재촉하면서 장난도 치고 촬영장 분위기를 계속 업 시켰다.

촬영 제품은 발뒤꿈치를 정리해주는 어플리케이터. 친구에게 추천해주는 콘셉트다. 편하게 소파에 앉아 카메라를 보며 대사를 하면 되는데 긴장됐는지 대사가 입에 잘 붙지 않아 연습을 계속했다. 다행히 촬영 전에 리허설을 충분히 해서 첫 컷을 무사히 마칠 수 있었다.

두 번째 컷은 대사가 좀 바뀌면서 당황했지만, 카메라 밑 반사판에 대본을 올려놔 줘서 카메라, 조명세팅 하는 틈틈이 대사를 외웠다. 카메라를 바라보며 대사를 하는 거라 컨닝은 좀 어려웠지만 언제든지 대본을 볼 수 있다는 안도감 때문이었을까 다행히 오래 걸리지 않고 OK! 사인을 받을 수 있었다.

인도 모델, 나, 레바논 모델 순서로 3명의 모델이 4가지 버전을 찍는 거라 한 장면 끝날 때마다 시간이 남았다. 점심도 맛있게 먹고, 중간중간 간식도 먹고 여유롭게 기다렸다. 대사를 하는 건 끝났다. 휴~. 이제 세트가 바뀌고 예쁘게 걸어가면 된다. 처음은 발만 나오는 것이지만 스텝이 굉장히 중요하다. 의외로 발연기, 손연기, 뒷모습 연기. 이런 부분적인 걸 찍을 때 더 신경이 쓰인다. 삐끗하면 큰일이다. 네 발자국 남짓 걸었는데 미끄러운 바닥이라 처음에 깜짝 놀랐다. 역시 쉬운 촬영은 없다. 얼굴 클로즈업을 끝으로 촬영이 마무리되었다. 광고주도 프로덕션 쪽도 만족하는 모습을 보니 너무 뿌듯했다. 나도 두바이에 불러줘서 고맙다고 했다.

왜 두바이에서 찍는 건지 모르겠다. 난 사막 관련된 장면이 있는 줄 알았다. 프로덕션 사람들은 남아공에서 왔다고 했다(지난 촬영 로케는 남아공). 촬영 감독은 유럽에서 온 분이었고, 헤어메이크업만 두바이에 사는 분들이지만 유럽인이었다. 이유는 끝내 알 수 없었지만, 덕분에 두바이 구경은 잘 했다. 예정대로 저녁 7시 무사히 촬영이 끝났다. 쉽지 않았지만 이건 꿀 촬영에 속한다!

다음 날 아침 일찍 일어난 터라 피곤했지만, 두바이에서의

시간이 너무나 좋았다. 올 때 비즈니스로 업그레이드를 받은 터라 내심 기대했는데 체크인에서 이코노미 티켓을 받았다. 그래도 괜찮다. 한 번이라도 받은 게 어디냐. 한 번이라도 충분히 감사한 일. 면세점에서 간단하게 아보카도 스무디를 먹고 게이트로 향했다.

게이트에서 직원이 티켓을 사용할 수 없다고 했다. 잘못 알아들었나 싶어서 무슨 말이냐고 물었다. 그러더니 직원이 새로 비즈니스 티켓으로 바꿔주었다. 정말? 정말? 이게 무슨 행운인가. 거짓말 같았다.

사람들의 표정이 좋았다

대만 영화제인 금마장이 열렸다. 타이베이 이곳저곳 영화관에서 출품작들을 상영하는 것 같았다. 영화제는 영어 자막이 있어서 무슨 영화든 볼 수 있겠다 싶어 리스트를 봤다. 한국영화 '해피 버스(bus) 데이'가 있었다. 반가웠다. 내가 예약한 날은 11월 20일, 장소는 시먼(Ximen)에 신광극장. 평소 시먼은 집에서도 멀고 명동 같은 곳이라 사람도 많고 잘 가지 않게 되는 곳이다.

2017년, 대만 와서 처음 가는 시먼행. 영화관 위치는 지도를 보고 알았는데, 막상 건물에 도착해서는 밖에만 영화제 포스터가 있고 건물엔 입구 표시가 안 되어 있었다. 건물을 빙 돌아봤다. 뒤쪽에 건물 안으로 들어가는 문이 있고 입간판이 세워져 있었다. 미리 도착해서 다행이었다.

위로 올라가니 영화관이 나왔다. 티켓박스 아이패드에 QR 코드를 비추니 티켓이 자동으로 나왔다. 쉽게 티켓을 뽑았다. 평일인데도 사람이 많았다. 특유의 습한 냄새, 옛날 영화관에 들어온 느낌이었다. 영화는 영화제 영화답게 묵직했다. 중간중간 가벼운 듯한 분위기도 있었지만 결국 보고 나면 마음에 많이 남는 그런 영화였다.

내가 예약한 시간은 감독님과의 Q&A 시간이 있었다. 질문도 많은 걸 보니 한국 영화에 대한 관심이 많아 보였다. 특히 모든 배우의 연기가 좋았다는 평은 내가 들어도 뿌듯했다.

台北金馬影展
11/03-11/24
請上4F

영화 '암살'도 홍콩에서 봤었다. 나도 모르게 한국영화를 해외에서 볼 땐 관객의 표정을 살피게 된다. 나는 이 부분이 좋은데 그들도 좋다고 느낄까. '해피 버스 데이'도 '암살'도 영화를 보고 나가는 사람들의 표정이 좋았다.

나도 힘든 날이 있다

현지어로 대사를 해야 하는 경우가 종종 있다. 광고에서는 성우의 더빙이 입혀지지만, 입 모양을 맞추기 위해 대사를 외워야 한다. 외국어 대사를 받으면 에이전시에 녹음해 달라고 한다. 그걸 소리 나는 대로 한글로 받아 적고 계속 읽어가면서 외운다. 이제껏 제일 긴 문장은 A4용지 반쪽 되는 분량의 태국어 대사였다. 하지만 프롬프터가 있어서 입에만 익숙하게 연습하면 됐었다.

이번엔 중국어를 4줄이나 받았다. 촬영도 아니고 캐스팅에서 이렇게 많은 중국어 대사를 한 적은 없었다. 받아 적는 일부터 만만치 않았지만, 다행히 외우기 충분한 시간이 있었다. 3일짜리 캐스팅이라 2일 연습하고 마지막 날 가기로 했다. 이틀 동안 달달 외웠다. 캐스팅 갈 준비를 하던 중 에이전시에서 연락이 왔다. 아직 4시간이나 남았는데 사람이 너무 많아서 내일 가라는 연락이었다. 다음날 첫 타임에 가기로 했다. 아직 나가기 전이라 괜찮다 위로를 하면서 더 연습했다.

2시부터 시작인데 조금 서둘러 나갔다. 1시 40분 도착. 이미 사람들이 꽤 있었다. 아이들과 그들의 보호자 어른들, 내가 받은 디자이너 역은 아닌 것으로 보이는 여자 모델과 남자 모델도 보였다. 난 9번, 나쁘지 않았다. 캐스팅 비디오를 찍는 장소는 1층, 대기는 지하 1층이었다. 30분 정도 지나니 1층으로 올라가라고 했다. 하이힐로 갈아 신었다. 생각보다 빨리 끝나겠다, 하

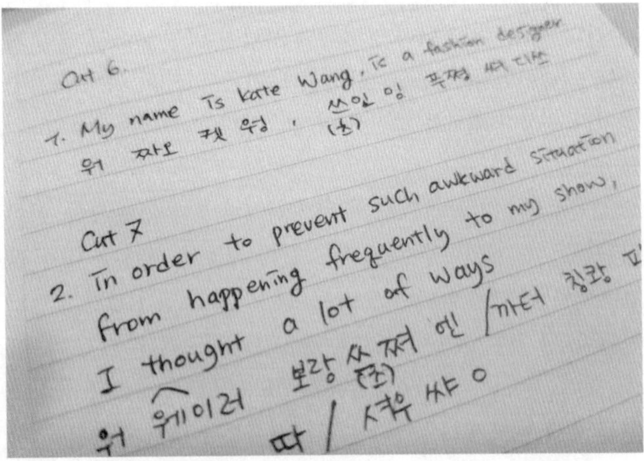
Cut 6.
1. My name Is kate Wang, Ic a fashion designer
Cut 7
2. In order to prevent such awkward situation
from happening frequently to my show,
I thought a lot of ways

는 순간 내 앞번호가 아닌 사람들이 와서 카메라에 보여주는 이름표를 작성했다.

뒤에 온 사람들인 것 같았는데. 내 순서가 밀리면서 1시간이 지났다. 뭔가 돌아가는 모양새가 이상했다. 직원에게 물어봤다. 어제 기다리다가 못하고 돌아간 사람들이 다시 오면 먼저 한다는 것이었다. 아, 생각지도 못한 난관이다. 대사를 하는 것보다 기다리는 일이 더 힘들어졌다. 캐스팅하는 것만으로도 긴장이 돼서 먹지도 못하고 나왔는데 커피라도 사 올 걸 그랬다. 시간이 흐를수록 어제 갔다가 다시 온 사람들이 몰려왔다. 약속을 5시 반에 잡았는데 설마 늦지는 않겠지. 초조해졌다. 대만에서 캐스팅은 오래 걸려도 2시간이면 충분했는데 이미 2시간을 지나고 있었다.

내가 기다렸다가 다음날 다시 와서 바로 한다고 하면 좋을 텐데, 2시간을 기다린 상황인데도 계속 도착하는 사람들 때문에 마음은 만신창이가 되어갔다. 3시간이 다 되어서 이름표를 받았다. 드디어 캐스팅이 시작되었다.

중국어를 할 수 있냐고 묻는다. 할 수 없지만 대사 받은 건 다 외워서 할 수 있다고 했다. 캐스팅 디렉터는 그걸로 안 된다고 어쩔 수 없다며, 역할을 바꾸자고 했다. 미리 말해줬으면 좋았을 텐데 3일의 노력이 헛수고가 되어버렸다. 캐스팅은 순조롭게 끝났지만 허무함은 이루 말할 수 없었다.

3일의 연습, 기다림의 3시간보다 대사 한마디 하지 못해 서운한 마음이 제일 컸다. 이건 누구에게 원망할 수 있는 상황도 아니었다. 에이전시도 미안하다고 했다. 그냥 중국어 대사만 하면 되는 줄 알았으니까. 아 마음이 산산이 부서져 가루가 됐다. 약속은 왜 잡았을까. 집에나 가고 싶은 날이었다.

뿌듯하고 고마웠다

지인이 대만에서 주관하는 유승우, 정세운 마인드유의 합동 팬 미팅에 초대받았다. 마인드 유는 예전 어쿠루브였을 때부터 좋아했는데, 이런 기회가 생기다니!! K-POP을 좋아하는 대만 친구 Tang이랑 함께 가기로 했다.

오랜만에 라이브도 좋았지만, 해외에서 해외 팬들이 좋아해주는 한국 가수, 한국 노래에 내가 다 뿌듯해졌다. 팬 미팅이라 노래도 부르고 얘기도 하는데 대만 팬들이 한국어를 알아듣고 통역해주기 전에 대답해서 너무 놀랐다. 마지막에는 팬들을 위해 대만 노래도 부르는 센스! Tang이 너무 좋아했다. 잘 부른다고 엄지 척!

2시간이 후딱 갔다. 간단히 무언가 먹기로 했다. 멀지 않은 곳에 101타워가 있어서 슬슬 걸어갔다. 태국과 마찬가지로 대만도 푸드 코트가 잘되어 있는 편이다. 굳이 음식점을 정하지 않았다면 쇼핑몰의 푸드 코트에서 이것저것 시도해보는 것도 좋다. Tang은 버블 밀크티, 나는 해피 레몬에 치즈 재스민 티, 그리고 토스트를 선택했다. 바로 해주는 토스트는 너무 맛있다.

팬들의 함성이 잔잔한 메아리로 귓가에 맴돌았다. 뿌듯했고 고마웠다. 앞으로 더욱 한국을 빛내주길.

어떻게 나올지 두근두근

내 옷으로 코디하고 셀프로 촬영하는 일이 들어왔다. 막상 한다고 하고 보니 집에 촬영할 장소가 마땅치 않았다. 구조는 좋지만, 햇빛이 잘 안 들어오는 집이라는 걸 깜빡했다. 그나마 소파를 치운 벽이 괜찮겠다 싶었다. 샘플로 찍어보았다. 앗! 검은색의 옷이 많아서 너무 어두워 보였다. 여긴 안 되겠다. 음, 너무 무거워서 외면하고 싶었던 식탁을 낑낑거리며 치웠다. 삼각대를 설치하고 간신히 찍어서 기자에게 보내 컨펌을 받았다.

주제는 겨울 교복아이템 코디 5컷. 나는 경량패딩을 선택했다. 코디가 되긴 하는데 대만에 겨울옷을 다 들고 오지 않아 조금씩 아쉬웠다. Tang이 집에 왔다. 카메라가 세팅되어 있어서 놀란 줄 알았는데 무거운 식탁 옮긴 거에 놀랐다고 한다. Tang한테 얘기했더니 뭐가 필요하냐고 묻는다. 검은색 겨울 코트? Tang이 택도 제거하지 않은 코트를 가지고 왔다. Tang 최고! 내가 가지고 있는 코트랑 비슷했다. 옷 빌려주는 것도 고마운데 Tang이 찍어주기까지 했다. 세상에 내가 혼자 하는 것 보다 훨씬 수월하다. 혼자 삼각대로 하면 10초 타이머하고 오래 걸릴 일이었는데 금세 끝낼 수 있었다! 약간의 설명을 더 해서 기자에게 보냈다. 다행히 추가 촬영을 하지 않아도 될 정도였나 보다. OK 사인을 받았다. 어떻게 나올지 두근두근(우먼센스 1월호에 실리게 되었습니다).

쓰레기 버리기

대만에 살면서 제일 신기했던 건 쓰레기 배출이었다. 홍콩과 태국은 분리수거를 자체적으로 하지 않아서 한데 넣어 층층이 배치되어있는 큰 쓰레기통에 넣으면 끝. 대만은 음식물, 일반, 재활용 이렇게 분리수거를 한다.

대만에서 처음 살았던 지역은 신디엔(Xindian). 이곳은 더 특이했다. 수요일, 일요일을 제외하고 하루 2번 쓰레기차가 왔다는 음악 소리를 울리면서 천천히 골목을 지나다니면, 주민들이 쓰레기차에 직접 버리는 형식이었다.

노란 차가 일반 쓰레기인데 뒤에 붙어있는 파란 드럼통은 음식물이다. 드럼통도 2개. 하나는 음식물, 하나는 음식물 담았던 봉투를 담는다. 어떤 집은 냄비 채로 가지고 나와 부어버리기도 한다.

분리수거는 흰색 트럭인데 좀 높긴 하지만 그 안에 수거하는 사람에게 손을 높이 들어 전달하면 끝. 대신 종이, 플라스틱+유리로만 분리해서 전달하면 된다고 한다.

2017년에는 네이후(Neihu)에 살았는데 여기는 일반적인 방법이라고 한다. 하루 2번 위치는 다르지만 정해진 시간에 15~20분 정도 쓰레기차가 머무른다. 분리수거도 좀 더 세세하게 이루어지는데 큰 마대자루에 종이, 음식물 담았던 그릇, 플라스틱+유리, 그리고 비닐류로 나눠서 버리면 된다. Tang이랑

右轉車輛
請行駛慢車道

Chin도 나보다 하루 먼저 이사 갔던 터라 쓰레기 배출 시간을 몰랐었다. 다행히 웹사이트도 있고 앱도 있어서 차가 언제 어디에 도착하는지 알 수 있었다.

분리수거가 꽤 잘 된다고 들었다. 그래서 그런지 거리가 깨끗하다. 홍콩이나 태국에서 자주 보는 바퀴벌레를 대만에서는 거의 볼까 말까 한 수준이었다. 그리고 쓰레기 버리러 갈 때도 크게 악취가 난다거나 하는 경우도 없었다.

쓰레기를 버리고 난 후 정말 이곳에서 살고 있구나. 느끼게 됐다. 신디엔에선 차가 천천히라지만 움직이고 있어서 가끔 혼자서 일반 쓰레기 버리고, 분리수거 버리고, 조금 손이 모자랄 때가 있는데, 인사만 하던 아래층 사는 아저씨가 도와주기도 하고 어느새 내가 4층에 살고 있다는 걸 안 5층 아주머니는 다시 집에 올라갈 때 우리 집 버튼까지 눌러주었다. 내가 하는 말은 '헬로'와 '바이바이', '쎄쎄' 밖에 없지만, 늘 나를 보며 웃으면서 인사해주었다.

시도해 보는 재미

장보는 건 즐거운 일이다. 김치와 라면, 필수품 구매도 하고 그 나라에서만 구할 수 있는 것들도 구경하는 재미가 쏠쏠하다. 태국에서는 바질 볶음(팟 끄라파오 무쌉) 소스와 뿌팟퐁커리 소스들을 사서 한국에서 볶음밥을 해 먹는다. 그밖에도 먹음직스러워 보이는 소스를 사서 볶음류를 해 먹는데 한국에 돌아와서도 간단하게 태국 맛을 느낄 방법이다.

태국도 한국 라면의 종류가 많다고 생각했는데 대만은 더 많았다. 한국 과자, 라면, 고추장, 떡, 바나나우유 등 종류도 다양해서 이제 대만에 이고 지고 오지 않아도 생활이 충분하다.

대만에서 장보는 재미 중 하나는 여러 가지 소스들을 시도해 보는 것이었다. 핫 피클 소이빈 소스는 만두 먹을 때 최고의 조합. 가끔 라면에 고추기름의 매콤함이 필요할 때 반 숟갈 넣어 먹으면 맛있게 매워졌다. 두반장의 종류도 많아서 브랜드를 바꿔가면서 먹어봤다. Tang이 사다 준 시장 두반장은 너무 활용도가 좋았다. 살짝 쌈장이 들어간 것 같은 맛으로 훠궈 먹을 때 소스로 먹기도 하고, 떡볶이도 만들어 먹고, 아침으로 먹은 토스트에도 어울렸다. 꽤 활용도가 높아서 무게가 있지만, 한국에 몇 통 사올 정도였다. 그 외에도 이름부터 맛있음이 느껴지는 갈릭 칠리소스, 사천 음식을 만들어 먹는 소스 등 시도해 보는 재미가 있었다.

날이 좋아서

대만에서 보낸 가을 동안은 날이 너무 흐렸던 날씨 탓에 해가 비치는 날이면 일단 나갔다. 그냥 집 근처 코코(Coco)에 가서 밀크티를 사 먹기도 하고 슈퍼를 가기도 했다.

하루는 카메라를 들고 나갔다. 이제껏 찍은 사진들이 주로 어둑어둑해서 햇빛이 쨍쨍한 대만의 풍경을 담고 싶었다.

며칠 전에 추워서 두꺼운 재킷을 입고 나갔다는 건 거짓말이라는 듯 28도의 여름 날씨였다. 캐스팅 때나 교회를 갈 때 매일 지나가는 다리의 풍경을 찍고 싶어서 버스를 탔다. 날이 좋아도 버스가 흔들리거나 사람들이 있어서 사진이 아쉬웠는데, 오늘은 선글라스가 필요할 정도의 날이니까 잘 나올 것 같았다. 신디엔(Xindian)에 살 때도 느꼈던 건데 대만은 강 근처를 자전거 타거나, 조깅을 할 수 있게 산책로를 잘 만들어 놓았다.

너무나 날이 좋았다! 구름도 적당하고 하늘이 파래서 사진에 담으니 너무 예뻤다. 친구들에게도 사진을 보냈다. 오늘따라 유난히 좋아서 한창 바라보고 있었다.

다음날도 햇빛이 쨍쨍, 동네 사진을 담아 보았다. 슈퍼 가는 길, 집 밖의 풍경, 나란히 주차되어있는 경찰 오토바이 등 모든 게 다 예뻤다. 그 날이 소중해서 한참을 돌아다녔나 보다. 그렇게 소중한 이틀이 지나고 다시 어둡고 구름 낀 날이 계속되었지만 다시 일상인가 보다 하면 되는 일이었다.

잠깐의 햇빛이었지만, 사진도 찍었고 빨래도 잘 말랐다.

좋아지기 시작했다

태국에서 5개월을 지내다가 한국에 돌아갈 즈음이었다. 아직 6월 말, 이대로 한국에 들어가기 아깝다는 생각이 들었다. 올해 남은 시간에 어디든 가고 싶어졌다. 문득 지난해 소개받아 연락했던 대만 에이전시들이 떠올랐다. 내가 가지고 있던 타이 항공의 왕복 티켓은 직항이지만, 대만 경유 노선으로 바꾸면 스탑오버도 가능했다.

대만 일정은 6월21일부터 28일까지. 1주일을 예약했다. 지금 생각해보면 좀 길다 싶은 기간이지만 그땐 그 나라를 제대로 보려면 1주일 정도는 있어야 한다고 생각했다.

공항 도착. 아깝지만 공항에서 환전하고 심 카드를 샀다. 물도 한 병 샀다. 내가 내린 타오위안 공항은 인천과 같이 시내와 거리가 꽤 되어서 중심부까지 가는 버스를 탔다. 정오의 대만은 꽤 습하고 햇볕이 뜨거웠다. 태국에서부터 익숙한 더위라지만 느낌이 달랐다. 타이베이 메인 스테이션에 내려 숙소까지 탈 우버를 불렀다. 대만에서는 차 번호가 다 나오지 않아서 조금 불안했다(2017년부터는 다 나온다). 다행히 기사님이 나를 잘 찾아와 주었고, 대만 처음이냐, 어느 나라 사람이냐 대화를 조금씩 이어 나갔다. 약 20분가량 탄 것 같은데 내가 너무 대만에 대해 모르고 왔다는 생각이 들었다. 깨끗한 거리에 오토바이도 많고, 낮고 중간중간 오래되어 보이는 건물도 보이고 중국이랑 비슷한 듯 다른 듯 모든 것이 낯설고 새롭고 신기했다.

에어비앤비 숙소 주인인 Johnny를 만났다. 숙소는 오피스텔형의 깔끔한 원룸. 대만의 일반적인 집은 아니었지만 급하게 잡는 바람에 여기가 최선의(약간 비싼) 선택이었는데, 위치를 잘 잡은 것 같았다.

대학 근처에 야시장도 있고 바로 앞에 유명한 곳에 있을 줄이야. 음식점인 줄 알았는데 일부러라도 찾아온다는 '천산딩(陳三鼎)'이라는 밀크티 집이었다. 대만은 역시 밀크티! 보통의 밀크티는 차를 내려서 얼음과 시럽을 섞고 타피오카를 넣어주는데, 여기는 오래 끓여서 찐득해진 타피오카에 우유를 부어 주는 곳이었다. 흑설탕에 조려서 캐러멜 향이 강했지만 쫀득쫀득한 식감이 최고! 이제껏 먹은 타피오카 중 제일 맛있었다. 밀크티를 마시면서 동네를 돌아다녔다. 순간 내 눈을 의심했다. 저기 보이는 건 다 자전거인가? 와! 2층으로 주차되어있는 어마어마한 양의 자전거에 소름이 돋았다. 천산딩 맞은편, 고기로 속을 채워주는 만두가 맛있어 보여 저녁으로 먹었다. 여기도 포털사이트에 공관 거바오(割包)라고 치면 나오는 유명한 곳이었다. 심지어 가격도 적당하다. 밀크티 35 NT(1300원), 거바오 50 NT(1850원)! 훌륭해!

에이전시 A, B 두 곳의 미팅을 마쳤다. 남은 시각은 관광하

면 된다. 혹시 모를 세 번째 에이전시 미팅도 염두에 둔 스케줄이긴 하지만 끝내 답이 오지 않았다. 전화하면 됐지만, A, B만으로도 만족스러운 미팅이었다.

유명한 85도씨 소금 커피와 펑리수(파인애플 케이크)도 먹어보고 까르푸랑 왓슨즈에 가서 쇼핑도 하고 스린 야시장에서는 콘택트렌즈가 너무나 저렴해서 1년 치를 샀다. 101타워의 스타벅스도 예약해서 가보고 중정 기념관 교대식도 봤다. 체류기간에 주일이 있어서 한인 교회에도 가보았다.

하루는 온전히 온천지역에서 시간을 보냈다. 여유 있게 일어나서 신베이터우(Xinbeitou) 지역을 산책했다. 예약한 개인실에서 90분 온천도 즐기고 또 걷다가 근처 아무 곳이나 들어가서 요기도 하고, 무더운 여름이었지만 노곤한 기분이 좋았다. 혼자라서 사진 찍어주는 사람이 없다는 거 빼곤 부족함이 없었다.

아버지는 내가 밥은 잘 먹고 다니는지, 혼자 먹는 건 괜찮은지 걱정하던데 딸은 방금 먹고 나와서 눈앞에 저것도 먹고 싶고, 밀크티도 마시고 싶고, 먹을 것이 너무 많아 고민한다.

5개월의 태국 생활도 돌아보고 정말 조용히 나만 생각하는 시간을 보냈다. 어디를 가든 새로운 공간과 친절한 사람들, 맛있는 먹을거리만으로도 대만이 좋아지기 시작했다.

물가도 저렴한 편이고 내가 조심한다면 위험한 편도 아니라서 대만에 다시 오고 싶었다. 고맙게도 A 에이전시에서 저녁 식사를 초대해 주었다. 얘기도 잘 통해서 다음날 계약을 확정 짓고 한국으로 돌아갔다. 그렇게 대만과의 인연이 시작됐었다.

시도해 보는　　재미가 있다

대만은 먹거리가 넘쳐난다. 야시장은 먹으러 간다고 해도 과언이 아닐 정도. 그냥 동네 음식점도 다양하고 시도해 보는 재미가 있다. 맛있어 보이면 먹는다. 내부분 성공적!

아침에 먹는 딴빙(蛋餠), 두유, 동네 한두 군데는 꼭 있는 반찬가게, 관광객이 오면 줄 서서 먹는 곱창 국수, 1인 핫팟부터 겨울에 둘러앉아 먹는 오리 생강 핫팟까지 매 끼니 행복한 고민이다. 편의점에 소시지도 너무 맛있고 우육면 라면은 한국에 사 올 정도다!!

밥을 먹고 나면 디저트 고민을 시작한다. 밀크티도 좋고 사과랑 패션프루츠가 들어가 상큼하게 마시는 그린티도 좋아한다. 코코(Coco)에 버블이 들어간 커피도 맛있고 공차에 푸딩이 들어가는 밀크티도 배고플 때 너무 좋다. 오래 두고 먹을 수 있는 누가크래커를 집에 한 통씩 사 놓고, 두유 푸딩은 야식으로 딱이다!

잊히지 않는

2016년, 대만 집은 신디엔(Xindian)지역에 있었다. 집을 급하게 구한 터라 지역 선택은 불가! 시내랑 꽤 떨어져 있다. 신디엔 지역이지만 지하철역으로 보면 지아오비탄(Xiaobitan). 초록색 라인과 연결되는 연두색 라인에 유일한 역이다. 그래서 배차간격이 꽤 길다. 출퇴근 시간을 제외하고 1시간에 3~4대만 운행해서 시간표를 확인하고 다녀야 했지만 웬만해서 늦을 일이 없었다.

동네가 조용하고 근처 강가에 산책로가 잘 되어있어서 산책하고 바람 쐬고 운동도 할 수 있었다. 여름이었지만 저녁엔 바람도 잘 불어서 동네 한 바퀴 돌고 들어오기 좋았다.

친구가 요리를 좋아해서 오븐에 완벽하게 갖춰진 향신료도 있어서 요리하기에 너무 좋았다. 특히 케이블 채널에 tvN이 나오고 스포츠 채널도 나와서 집순이인 나에게 안성맞춤의 집이었다.

한번은 태풍이 와서 집 앞 나무가 벼락에 맞았는데 그 앞에 주차되어있던 차가 반파된 적도 있고, 차로 2시간 거리의 타이중에서 지진이 나서 몸으로 느껴지기도 했다. 나에겐 잊히지 않을 신디엔 생활이었다.

혼자서도 잘해 먹는다

혼자서도 잘해 먹는 편이다. 요리를 엄청 잘하는 건 아니지만 흥미가 있어서 삼시 세끼, 집밥 백선생, 요리 관련 웹툰도 보면서 이것저것 따라시 해본다.

떡볶이를 제일 좋아한다. 이제는 외국 슈퍼에 떡볶이 세트도 팔고, 떡, 고추장 등 재료가 대부분 있어서 언제든 만들어 먹을 수 있다. 어묵은 슈퍼에 있는 아무 어묵. 태국, 대만은 샤부샤부를 많이 먹어서 그런지 어묵 종류가 상당히 많아 이것저것 시도해보기도 했다.

인터넷에서 유명한 가락국숫집에 마를 갈아서 올려 먹는 메뉴를 발견했다. 마침 생마를 먹으려고 사뒀었는데, 간장국수 해

먹는 쯔유도 있으니 시도해본다. 국수를 삶는다. 쯔유+설탕으로 소스 끝. 마를 갈아서 올리고, 달걀노른자만 따로, 그 위에 파송송, 완성! 너무 맛있어서 이틀 연속으로 먹었다.

가지가 너무 싸서 사 놓고 보니 양이 상당했다. 가지 밥이 생각나서 시도해봤다. 가지랑 삼겹살이랑 마늘이랑 볶아서 대만 밥통으로 밥을 지었다. 레시피에는 파 기름을 내야 했었는데 파가 없어서 대신 감칠맛을 위해 일본 된장을 밥물에 약간 섞어줬다. 저녁 약속 있는 Chin이 한입 먹더니 반 공기를 비우고 나갔다. 한식이냐고 묻는다. "몰라 오늘 처음 해봤어"

나는, 나로 살고 싶다

펴낸날 초판1쇄 인쇄 2018년 04월 20일
초판1쇄 발행 2018년 04월 25일
지은이 김지예
펴낸이 최병윤
펴낸곳 알비
출판등록 2013년 7월 24일 제315-2013-000042호
주소 서울시 강서구 화곡로 58길 51, 301호
전화 02-334-4045
팩스 02-334-4046
이메일 sbdori@naver.com
종이 일문지업
인쇄 한길프린테크
제본 광우제책

ISBN 979-11-86173-44-2 03980
가격 13,000원

「이 도서의 국립중앙도서관 출판예정도서목록(CIP)은 서지정보유통지원시스템 홈페이지(http://seoji.nl.go.kr)와 국가자료공동목록시스템(http://www.nl.go.kr/kolisnet)에서 이용하실 수 있습니다.(CIP제어번호: CIP2018012185)」